カラーで見るから
わかりやすい
稼げる
機械保全

竹野俊夫 TAKENO Toshio【著】

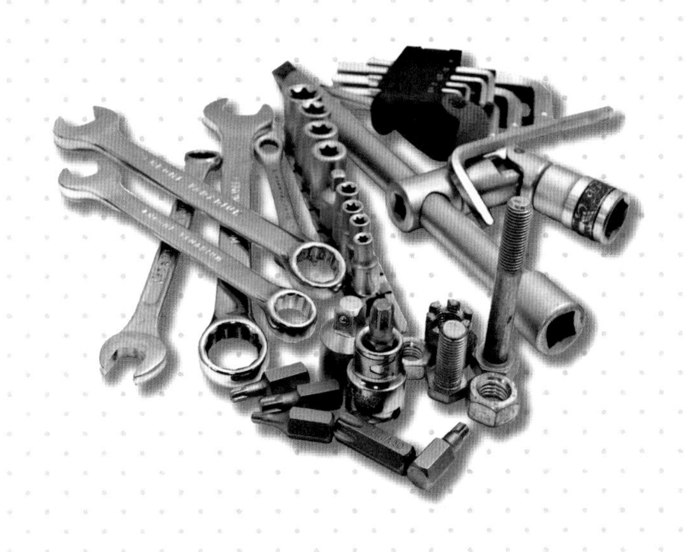

日刊工業新聞社

はじめに

『目で見てわかる稼げる機械保全』を出版してから12年あまりが経ちました。

この12年で、多くの出来事が起こりました。私が一番鮮明に記憶に残っているのは、何といっても2011年3月11日に発生した東日本大震災でした。被災地のいくつかの工場を訪問しましたが、震災により生産設備に甚大な被害が及び、社員だけでは復旧が困難な場面に多く遭遇しました。社員の方々と一緒に、寝食を忘れ生産設備を復旧させたこともありました。

生産設備が止まった際に最も重要なことは、いち早く復旧させることだと感じました。特に、災害によって設備が動かなくなってしまった場合、機械保全の基本的な知識だけでは対応が難しいことも数多くあります。生産設備の構造を理解し、適切な応急処置を行うことが必要でした。

また、長引くコロナ禍の影響やロシアのウクライナ侵攻の余波、慢性的な人手不足などで、国内の製造現場では「設備の修理に必要な部品がなかなか手に入らない」「設備業者に現場まで来てもらえない」といった事態が発生しています。こうした流れを受けて、安定した生産を実現するために不可欠な生産設備の保全の常識も変化しています。これまでは、トラブルが発生したときは設備業者に対応をお願いする場面が多かったのですが、最近では「自社の設備は、その現場で働く人たち自身で守らなければならない」という自主保全の考え方に強くシフトしています。

災害などにより故障してしまった例は別として、生産設備は使っているうちに小さな不具合が起こるようになり、やがて故障を引き起こします。生産設備が故障すると製品の生産は止まり、修理のために時間もお金もかかってしまいますが、不具合が起こりそうな箇所を理解し対策をとっておけば、結果としてかかる時間もコストも少なくすみます。すなわち、本書の「稼げる」とは、機械保全によって生産をとめることなく、修理にかかるコストも抑えられることを意味しているのです。

『目で見てわかる稼げる機械保全』の出版後、数多くの読者から「機械保全の状況や手順をモノクロ写真ではなくカラー写真で見たい」というお声をいただきました。本書は『目で見てわかる稼げる機械保全』をベースとして全面的に内容を見直し、自主保全のために必要となる知識やノウハウ、コツをカラー写真でわかりやすく紹介しています。生産現場の機械の状態と本書に掲載の写真を比較して、自主保全に役立てていただけましたら幸いです。

本書の発刊に際し、適切なアドバイスをいただきました日刊工業新聞社出版局の奥村功参与、岡野晋弥様をはじめ、皆様に感謝申し上げます。

2023年11月

竹野　俊夫

第1章「機械保全」ってなに？

第2章「締結部品」の保全

第3章「伝達装置」と保全作業

第4章「空気圧装置」と保全作業

第5章「油圧装置」と保全作業

第6章「軸受」と保全作業

第7章「電動機」と保全作業

第8章「潤滑油」と保全作業

第9章「密封装置」と保全作業

第10章「軸・軸接手」と保全作業

第1章 「機械保全」ってなに?

1-1 KIKAI-HOZEN

機械保全とは

よく「機械保全」という言葉の意味を尋ねると、「故障した機械を修繕・修理すること」と返事が返ってきます。本当にそうでしょうか? 機械が壊れてから修理するのと、機械を壊れないように修繕するのでは大きく違います。保全を一言でまとめると、後者の「壊れないように修繕する」ことです。もう少し詳しくいうと、「機械設備の定格出力・生産能力・品質を維持しながら長期間稼働できるような状態に保つ」ことであり、本来その機械設備がもっている機能・能力を十分に発揮することです。

機械保全は奥が深い

「機械保全」は一見簡単そうにみえて、実は大変奥が深い分野です。奥が深いというと大変とっつきにくく感じられますが、本書では「機械保全」が好きになるように解説をしてゆきます。

読者の皆さんは、自転車に乗ることがあると思います。自転車のタイヤの空気圧が少ないなら空気を入れ、チェーンの動きが重たいようであれば油をさし、各部のねじやボルトが緩んでいるようであれば、ドライバやレンチで増し締めを行い、さらに実際に乗ってみて、動きや作動がおかしいと感じたら修繕して乗っていたと思います。このように自転車が完全に壊れる前に、ポイントをおさえ定期的に修繕しながら乗ることが「機械保全」なのです。

保全のいろいろ

保全方法は大まかに、壊れてから保守・修理を行う「事後保全」、一定期間ごとに保守・修理を行う「時間基準保全」、機械の状態を確認しながら保守・修理を行う「状態基準保全」に分かれます。自転車のタイヤがパンクをして修理をするのは「事後保全」、タイヤの空気圧を一定に保つため、一定期間ごとに空気の補充を行うのは「時間基準保全」、自転車のペダルが重く感じるので、回転部分やチェーンに給油を行うのは「状態基準保全」となります。

しかし、自転車のタイヤがパンクをしないように、一定期間ごとに新品のタイヤに交換すると多くの費用が必要になります。チェーンに給油を行いすぎると周辺の余分な油が飛び散り、砂などが付着して逆に寿命を短くしてしまいます。生産設備の「機械保全」を行う場合も同じで、「事後保全」「時間基準保全」「状態基準保全」を機械要素部品に対して適切に見きわめて行う必要があります。

時間基準保全

タイヤの虫ゴムの点検をしています。虫ゴムはゴムでできているため、必ず劣化が起こります。虫ゴムが破れていると少しずつ空気が抜けていきます。半年に一度は、虫ゴムの点検と交換が必要です。

定期点検

自転車はさまざまな機械要素部品で構成されています。タイヤ、リム、チェーン、スプロケット、ボールベアリング、シャフト、ワイヤー、ナット・ボルトなど数百点の機械要素部品があり、これらの部品が組み合わさり、自転車の機能を果たすのです。

状態基準保全①

タイヤの空気圧が低い状態で自転車に乗ると、タイヤがパンクする恐れがあります。また、空気圧が不足しているとペダルを踏む力が余計に必要になるばかりか、ハンドルを操作する感覚が通常時とは違ってしまい、安全に自転車に乗ることができないおそれがあります。

状態基準保全②

自分の体重をかけながらブレーキの制動状態を確認しています。ブレーキレバーを握った場合、レバーの位置によって握る力が違います。自分が一番力を入れやすい状態にブレーキレバーを調整しています。ブレーキワイヤーは使用していると伸びるため、伸びたら調整が必要になります。

1-2 KIKAI-HOZEN

機械保全の必要性

保全はなぜ必要なの？

なぜ保全が必要かを考えてみましょう。たとえば、日常生活で安全に移動する手段として、自動車があります。今から40年前の自動車と現代の自動車を比較すると、移動する手段としては全く同じです。しかし自動車本来の性能を十分に発揮させるための保守・修繕の技術が向上したため、現代の車は昔と比べて壊れにくくなったのです。

生産保全

生産設備の機械も、機械保全の必要性は全く同じです。新規導入した生産設備を継続して生涯使うことを「生産保全」と呼びます。生産保全の目的は、生産設備がいつでも必要なときに機能を100%発揮できるように保ち、また、保全にかかる経費を最小限に抑えて生産活動をすることです。この目的を忘れてしまうとただ単に故障しないように修理をしているだけになります。

予防保全と事後保全

生産設備が長期間故障しないよう、計画を立て保全を行うことを計画保全と言います。計画保全は大きくわけて、設備が故障しないように保全を行う「予防保全」と、設備の故障や機能低下が発生してから保全を行う「事後保全」に分かれます。予防保全には一定の稼働時間ごとに部品交換や点検・修繕を行う「時間基準保全」と、設備の機能状態を定量的に判断し、稼働状態をみながら部品交換や点検・修繕を行う「状態基準保全」の二通りがあります。どちらを採用するか判断は難しいですが、両方とも過去の故障や修繕記録をもとにして一定期間ごとに行い、さらに設備の状態を定量的に把握する必要があります。いずれも人が判断する必要があり、保全作業の担当者や管理者には、的確な判断能力と技能・知識が必要です。

ATトランスミッションのオイルを点検しています。内部にある磁石にギヤなどの金属破片が付着していないか、定期的に確認をして予防保全を行っていきます。

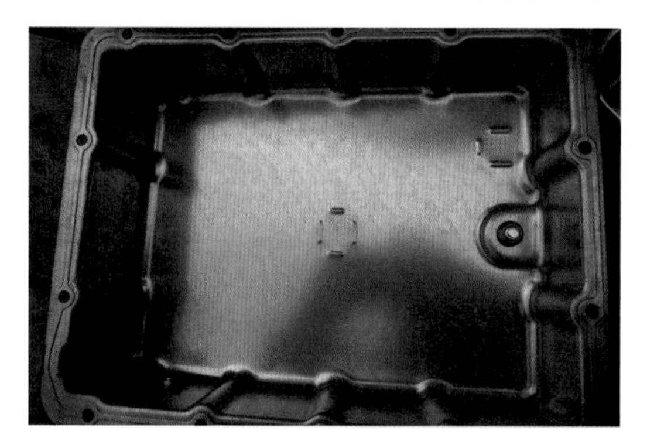

オイルパンを洗浄して新しいマグネットを設置したら予防保全完了になります。故障してから修理を行った場合、膨大なコストが発生するおそれがあります。

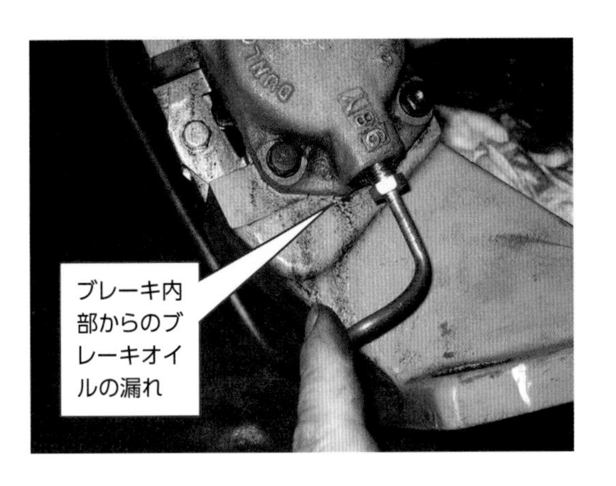

ブレーキオイルの漏れ

写真は、旋盤のブレーキです。このブレーキからブレーキオイルが漏れていることが分かりました。旋盤のブレーキは車両用のブレーキとほとんど同じ構造です。もし、ブレーキオイルがなくなってしまうと、旋盤作業中に緊急停止ができなくなる可能性があります。

シリンダの腐食

ブレーキオイルが長時間交換されておらず、シリンダを分解するとシリンダ自体がかなり腐食している状態でした。ブレーキオイルは水と混ざる性質があるので、ブレーキオイルに水分が混ざると内部が腐食します。これを防ぐには一定期間ごとにブレーキオイルを交換する予防保全が必要です。

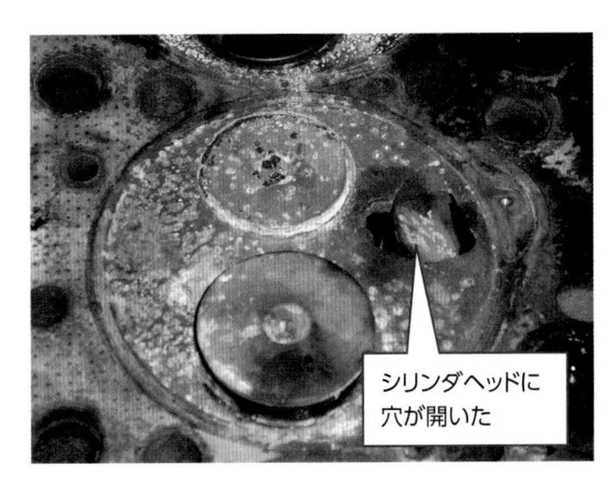

パイプの腐食

自動車エンジンの冷却水は長期間使用すると、冷却水自体の効果が低下します。写真は、冷却水の通るパイプが腐食してしまった例です。冷却水不足のためにエンジンがオーバーヒートを起こすと、エンジンが致命的な損傷を起こしてしまう恐れがあります。

▶ 修繕記録から故障原因を把握

計画保全で行われてきた修繕記録や故障の原因を把握し、今後の生産活動に影響を出さないように生産設備の改良・改善をつねに行っていかなければなりません。現在の生産設備をよりよい設備にするには、計画保全で行った保全活動の修繕記録や故障の原因を的確に判断し、設備の稼働率を上げていく活動が必要です。

機械保全に必要な技能と知識

分解・整備の前に生産設備の全体を見る

生産設備を確認する場合、全体を見渡すことが必要です。ただたんに全体を見渡すのではなく、あるルールに従って見ることで、設備全体が見渡しやすくなります。

生産工場では、作るものによって設備が異なります。工場設備を確認するときには、動力源、加工・成形、搬送装置、検品装置、梱包装置にそれぞれどのような装置が使用されているかを確認します。各工程が効率よく連動された製造設備になっています。

生産設備は製造するものW（ワーク）、ワークをつかむ・挟む・切る・成型するT（ツール）、ツールを正確に駆動させるためのM（メカニズム）、M（メカニズム）を駆動させる動力源のモータ・油圧装置・空気圧装置のA（アクチュエーター）、A（アクチュエーター）を正確に制御するためのC（コントローラー）制御装置、C（コントローラー）を正確に制御するためのS（センサ）などで構成されています。T（ツール）M（メカニズム）A（アクチュエーター）C（コントローラー）S（センサ）に各要素部品が構成されています。

要素部品とは、たとえば油圧装置では、油圧シリンダ、油圧ポンプ、油圧タンク、方向制御・圧力制御弁、流量制御弁、配管などが該当します。空気圧装置は、エアコンプレッサー、エアシリンダ、ソレノイドバルブ、スピードコントロール弁、エア3点セットなどで構成されています。要素部品について、知識・技能に分けて把握します。知識としては、要素部品の材質・構造・用途を理解する必要があります。技能としては、判断・見方・考えかたについて、できることを把握していきます。設備に必要な技能・技術を洗い出すコツは、知識（技術）で知っていることと、実際実技（技能）でできることを分けて書き出すことです。

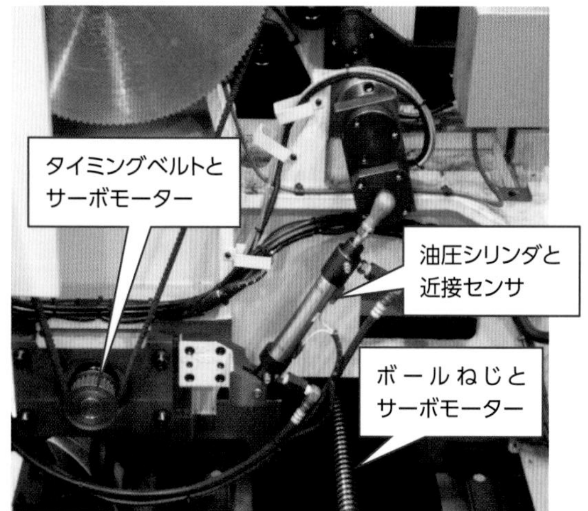

油圧タンク内にあるサクションフィルターの点検をしています。サクションフィルター表面に付着している異物などをよく確認します。サクションフィルターに何が付着しているのかによって、油圧装置全体のトラブルを事前に見抜ける場合があります。

サクションフィルターの点検

この写真は、油圧装置のサクションフィルターの点検をしているところです。フィルター表面にどのような金属破片が付着しているかによって、油圧装置のどの箇所が損傷しているか把握できます。サクションフィルターに付着している物質の材質をよく確認します。

サクションフィルターの洗浄

サクションフィルターを取り外して洗浄を行っています。サクションフィルターは非常に薄い金網などでできているため、取り外す時に注意が必要です。サクションフィルターの表面を損傷させてしまう恐れがあります。また、フィルターを手で持つ場合には、軍手の繊維が入らないように注意します。

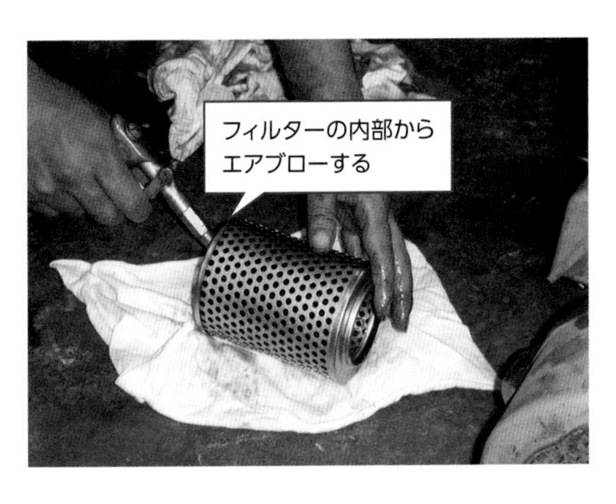

エアブローのポイント

サクションフィルターは、表面からフィルター内部に作動油が流れています。作動油中のゴミなどの異物はフィルター表面に付着します。清掃する場合には、フィルター内部から外にエアブローする必要があります。フィルター表面からエアブローすると、ゴミなどがフィルター内部に入り込んでしまいます。

▶ 修繕記録から故障原因を把握

生産設備を構成している要素部品について、知識と技能に分けてよく把握しておきます。知識については、要素部品の材質、構造、用途まで把握しておきます。技能については、分解整備などの実作業、見方、考え方、判断などができるように準備をしておきます。自社で自主保全を行ううえで、各生産設備を構成している要素部品に対して知識と技能をまとめることで、社内で生産設備の自主保全を実施しやすくなります。

機械保全に強くなるには

分解整備に強くなるには

私は、企業で保有している設備を従業員と実際に分解して部品交換など行い、組立調整後、設備を稼働させ、品質への影響の有無を調べる予防保全活動をよく行います。生産に直結している設備を分解整備するときは、慎重に行う必要があります。初めて見る設備を分解整備するときには、「分解する手順」「分解している設備の重要な部分」「基準になっている部分」を確認しながら作業を進めていきます。

同時に、分解した部品の置き場所や外したボルト・ナットを、置き場所を決めながら置いていきます。そのときに、企業の方から「どうしたら従業員が機械保全に強くなるか。また、どうしたら自社の設備の保守点検整備ができるようになるか」とよく聞かれます。

ベテラン作業員からノウハウを学ぶ

そのようなとき、次のことを必ず説明します。①保守整備を行っているベテラン作業員がどのような作業を行っているかよく観察する。②工具の選択から分解手順、調整方法にいたるまで、必要な技術・技能を文字として書き出す。③書き出したものを作業手順書として作成する。④他の従業員が同じ作業ができるように、手順と理由を区別して書き出していく。このようにして書き出した手順書をもとに、作業が可能か、実際に作業を行ってみて確かめます。

多くの企業で作成された手順書を見てみると、工程ごとにしか述べられていない、実際の作業について書かれていない、また手順書を作成した人が設備をよく理解しないで作ったと思われるケースがたくさんあります。手順と理由を明瞭にして作成することで、機械保全に必要な技術・技能に強くなっていきます。

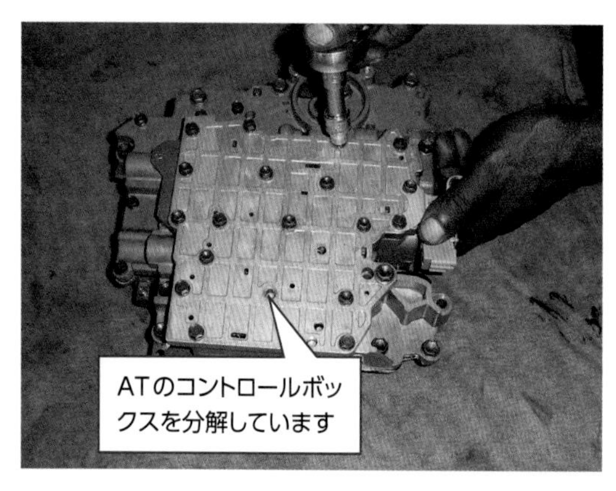

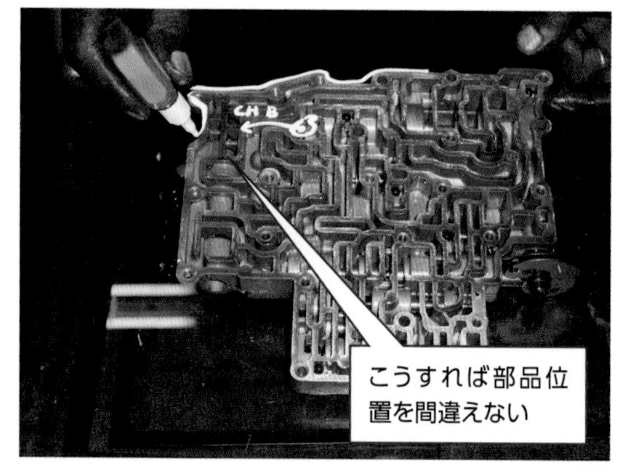

乗用車のオートマチックトランスミッションのコントロールボックスは、分解修理が非常に難しい部品の1つです。分解する順番を決め、内部の小さな部品の位置を間違えないように上から透明なガラスを載せて、その上からマジックなどで部品の位置を記入します。アフリカ（ウガンダ）の職業訓練校で実際に行っていた活動の一つで、現地で手に入るものを利用して車両や工場設備を修理する方法を確立しました。

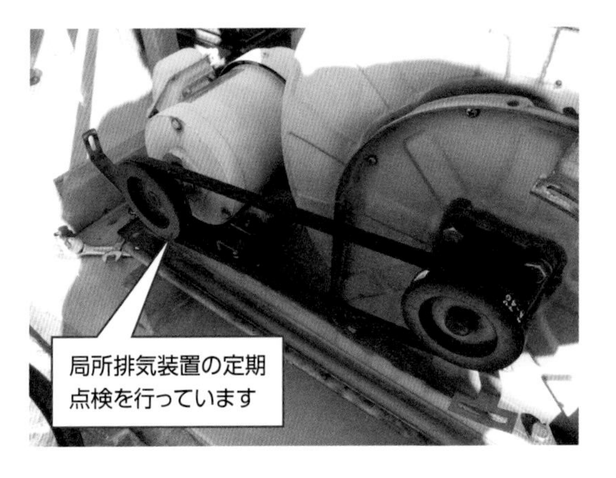

連続運転する装置のメンテナンス

局所排気装置の定期メンテナンス方法を説明しています。連続運転を行っている装置であるため、故障などで停止しないように保守メンテナンスが必要になります。要素部品として、電動機、Vベルト、プーリ、局所排気装置、各部の軸受などがあります。

回転子の点検

電動機の回転子を点検しています。長期連続運転をしているため、電動機のフロントカバーを開けて軸受のガタや異音、回転抵抗などを確認しました。少し回転抵抗と異音があったため、軸受を交換しました。また、固定子と回転子が接触していないか、プーリの摩耗状態などを点検しました。

軸受内輪と回転子のはめあい

回転子から軸受を取り外す場合に、軸受の内輪と回転子の軸のはめ合い状態を確認します。ベアリングプーラで取り外すときに、ベアリングプーラを回すハンドルの回転抵抗と、軸受の内輪が変色などしていないかを確認します。軸と内輪がスリップしている場合は、変色しているおそれがあります。

固定子の点検

固定子を点検しています。回転子が接触しているおそれはないか、絶縁抵抗は正常か、コイルに変色している箇所はないか、屋外に設置されているため内部に雨水が侵入した形跡はないかなどを、目視とテスターで点検をします。

現場における機械保全とは

記録と記憶が大切

設備を分解するときに必ず使用されるのが工具類です。現場で求められる技能・技術は、適切な工具類を使って機械要素部品を分解し、取り外した部品の置き場所、ボルト・ナットの種類や順番を区別しながら保管することです。実際に作業を行った経験のある方には、メモを取ったり、デジカメで写真を撮ったりしながら分解して記録を残した方も多いと思います。その記録と分解をしていたときの記憶を頼りに組立調整を行います。設備を分解・修繕・組立・調整するときには、作業手順書のほかに作業者が行うメモの記録と、どのように作業を行ったかの記憶が必要になります。機械保全で記録と記憶が大変重要になります。記憶はより多くの工具類を使用しながら、より多くの設備を分解・修繕・組立・調整することで蓄積されます。

どんな道具を使うべきか

たとえば、ボルトを緩めるときに、スパナとめがねレンチのどちらを使用するでしょうかか？　基本はめがねレンチを使います。その理由は、スパナではボルト頭部が接触する場所が２カ所であるのに対して、めがねレンチは６カ所で接触しており、ボルトの頭部をなめる（外れる）ことなく締められるためです。また、スパナを長期間使用しているとスパナの開口部が広がり、確実にボルトを締めつけられなくなる場合があります。

しかし、油圧配管・空気圧配管などの配管用ナットを締め付けるときは、物理的にめがねレンチを使うことは不可能です。しかしスパナもナット部をなめてしまうため使えません。そのときは、フレアーレンチやクローフットレンチなどの配管専用スパナを使います。

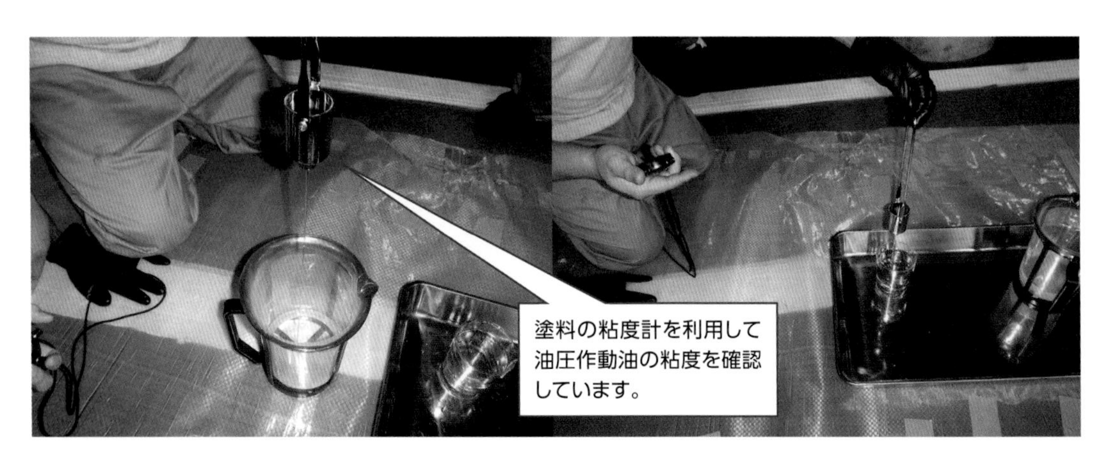

左は油圧作動油の新油の粘度を確認しています。右は油圧作動油の色相や粘度を確認しています。新油と使用中の油圧作動油について、塗料用の粘度計を利用して定期的に油圧作動油の粘度を測定します。油圧装置の使用状態に応じて作動油の粘度を測定することで交換時期が分かります。

整備のための工具作り

設備を整備するために、市販ではない機械工具を自作します。小さなベアリングプーラなど市販品で販売していない場合、汎用加工機などを利用して製作していきます。また、設備で必要な部品なども同様に製作します。

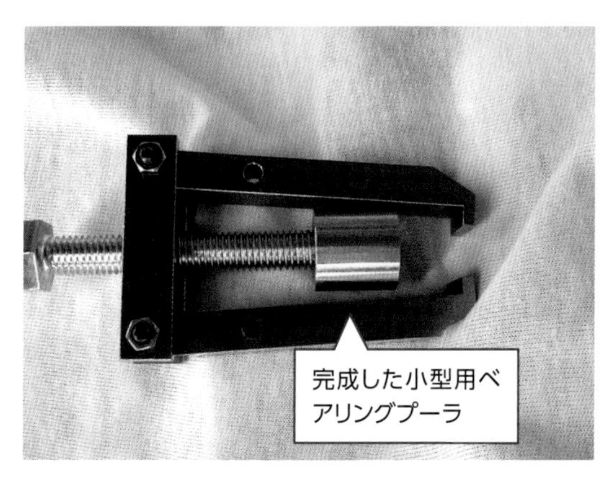

ベアリングプーラ

自作した小型ベアリングプーラです。爪の位置が変更可能で狭い場所でも使いやすい工夫をほどこしています。また、ベアリングプーラのクロー部分を交換できるようにして、いろいろなベアリングを交換できるように工夫をしました。

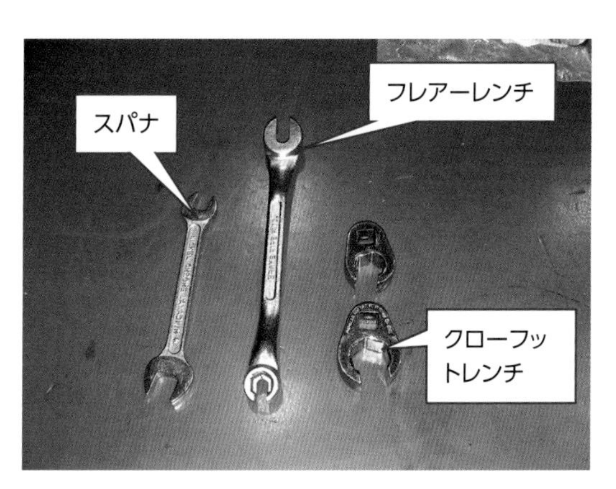

締結専用工具

配管を締結するときの専用工具（スパナ・フレーレンチ・クローフットレンチ）です。配管を締結する際に配管などを変形させないように締結するためには、配管専用レンチを使います。

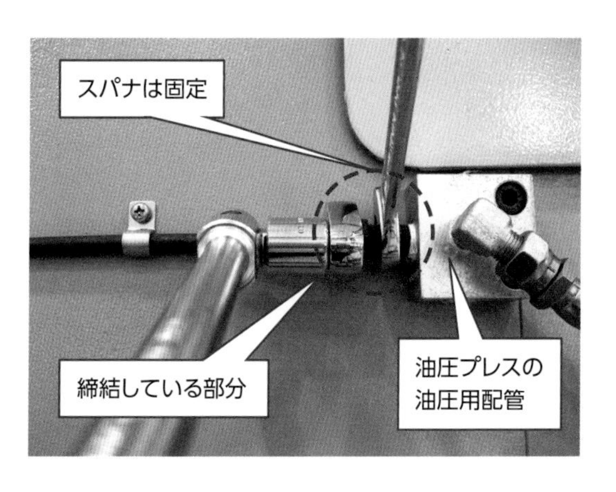

締結時の注意

油圧配管などの部品は、確実に締結する必要があるため、スパナは写真のように固定し、クローフットレンチを回転して締結します。スパナ、クローフットレンチの両方を回すと、逆に油圧プレス側の配管が緩み油圧作動油が漏れるおそれがあります。

機械保全に必要な測定工具

五感を磨く

生産設備の点検作業には、人間の視覚・聴覚・触覚・嗅覚などを駆使して設備に異常がないかをチェックする「目視点検」と、取り外した部品の摩耗や変形量を定量的に測定する「測定点検」の2つがあります。

目視点検とは、設備から出ている異常信号の色や異音・異臭などを確認し設備を点検することです。もし設備から毎日聞いている音とは明らかに違う異音がしていたら必ず気づきます。そして異音が出ている場所を探り、音の原因を確認し分解・修繕します。このように、人の感覚を鍛えることが必要になります。人の感覚を鍛えるには、実際の設備に触れながら、異常な温度や音を確認することが必要です。

測定点検では、個々の部品の精度や設備を整備し、定量的に判断するには、測定工具が必要になります。測定工具の選定や測定方法を習得することで、組み立てた設備の精度や稼働状況が大きく改善されます。直接測定する測定工具にはマイクロメータ、ノギス、ハイトゲージ、比較測定する測定工具にはダイヤルゲージ、シリンダゲージがあります。機械保全では、測定工具の工夫をこらした使い方を求められる場合が多いです。

現存する測定工具を臨機応変に使う

現場で工夫した歯車の背当たり（バックラッシュ）の測定方法では、直径2mmぐらいの銅製の棒やヒューズなどを歯車の間にはさみ、歯車をゆっくりまわしながら潰してゆきます。銅棒やヒューズはギヤのすき間以上には潰されません。このつぶれた厚みをマイクロメータで測定するとギヤの背当たり（バックラッシュ）を測定できます。また、この方法で歯車を両方から測定して、左右のつぶされた厚みが異なると歯車の片当たりも確認できます。

ダイヤルゲージの応用例

数多くの穴の深さを測定するときに便利です。また、ダイヤルゲージの先端を変更するだけで、穴底の形状にも影響を受けなくなり、測定が簡単になります。

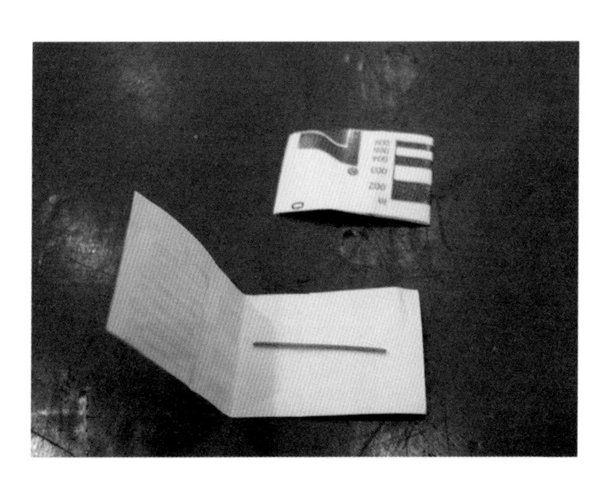

プラスチゲージ

測定工具の取扱いなどある程度の訓練が必要ですが、プラスチゲージをすべり軸受などの良否点検などに用いると点検作業の時間が大幅に短縮されます。

プラスチゲージの活用

プラスチゲージの使用例です。すべり軸受の保守点検でメタルのオイルクリアランスの精度は1/1000mmの精度が必要となります。測定工具としては、外径用マイクロメータとシリンダゲージを使い、両方の差を求めて出します。

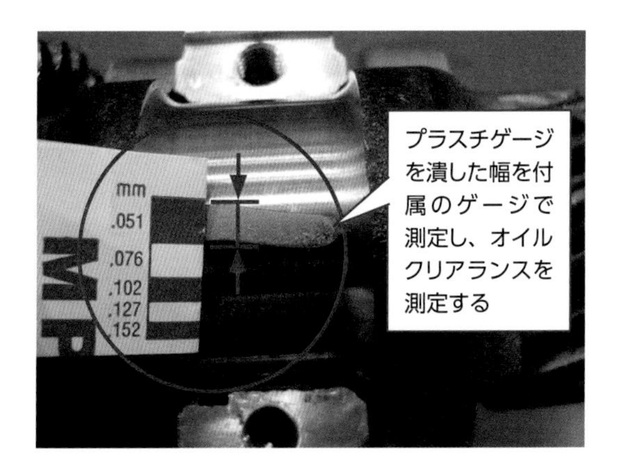

プラスチゲージで締め付けの確認

すべり軸受のベアリングキャップを既定のトルクで締め付けます。プラスチゲージが押しつぶされた幅をゲージで確認をします。押しつぶされた幅でオイルクリアランスを測定します。

メタルの組み付け

エンジンのメタルを組み付けています。メタルは、張りやクラッシュハイト、オイルクリアランスなど細かな調整が必要になります。
調整をせず単純に組み立てるだけでは、エンジンのメタルが焼き付き、壊れてしまいます。

機械保全に必要な組立・調整方法

重要な基準点・基準面

機械設備を分解・修繕・組立・調整していくうえで、最後の重要な作業は組立・調整です。組立・調整のよしあしが、機械設備が確実に稼働し、設備の機能を100%引き出せるかを大きく左右します。

組立・調整に必要なことは、設備のどの部分が基準点や基準面になるのかを理解しながら行うことです。機械保全作業における調整作業の1つとして、モータとポンプや変速機などを軸継手などで接続することがあります。このとき必ず、軸同士の中心を合わせなければなりません。回転機械では特に重要です。

余分な負荷がかからない工夫をする

たとえば自転車の車輪を考えてみましょう。車輪の軸を両手で持ち、車輪が回転していなければ軸を両手で自由に動かすことができます。しかしいったん車輪が回転し始めると、回転数に応じて両手に相当な力が働き、車輪を右に傾けようとすると、車輪は右に傾かないようにする力が働きます。両手で持っている軸の中には必ずベアリングが入っているので、ベアリングに繰り返しの力がかかります。絶えずベアリングに負荷をかけながら回転することになり、やがてベアリングの損傷につながってしまいます。

この現象を軸継手の場合に置き換えてみると、軸同士の中心がずれている場合は必ず軸、または軸受のベアリングに繰り返しの力が加わることになります。やがて、軸受のベアリングが壊れるか、または軸自体の損傷（折損）につながります。

カップリングの調整には、1/100mmの精度が必要な場合が多くあります。どのような種類のカップリングを使っているか把握することが必要です。カップリングの種類によって振れの許容範囲が異なるので注意しましょう。振れの許容範囲を超えて使用を続けると繰り返しの荷重を受けて、軸の損傷や軸受の損傷につながります。

生産設備を壊れなくするには、生産設備の構造をよく理解して必要な調整などを適切に実施することが重要です。そのためには、生産設備の要素部品について知識と技能に分けて理解します。

エアシリンダの不具合

潤滑不良で動作不良を起こしたエアシリンダの写真です。エアシリンダが約2年（20万回往復）で潤滑不良で動作不良を起こしてしまい、交換をしました。

不具合の理由

動作不良の原因はコンプレッサの潤滑油と圧縮空気が混じり、コンプレッサオイル自体が潤滑油になっていたことです。エアシリンダ内にあるグリスが洗い流されてしまっていました。その後、コンプレッサをオイルフリーに変更したことで、シリンダ内の潤滑がなくなり、シリンダが摩耗しました。

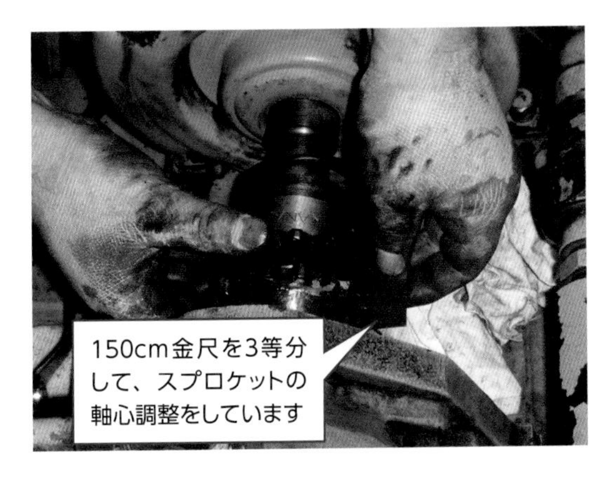

軸継手の軸心調整

電動機と油圧ポンプの軸継手の軸心調整をしています。軸心調整の不備があると、電動機と油圧ポンプのベアリングに繰り返しの荷重がかかり続け、ベアリングが損傷してしまいます。ベアリングが壊れないようにするには、必ず軸同士の中心が一定の範囲内で同一直線状になるように調整することが重要です。

▶ 回転機械以外で起こった調整不良例

ある企業で、空気圧装置のエアシリンダがすぐに故障すると報告を受けました。調べた結果、シリンダロットが曲がりながら伸びていました。エアシリンダの設置不良と思われたので、シム板で調整をしながら、エアシリンダのロットが真っ直ぐ垂直に伸びるように調整を行ったところ、その後は動作不良が起こっていません。機械設備の組立・調整には、各部品の精度や組み付けるベース自体の精度を考慮する必要があります。

機械保全に必要な記録と記憶

保全活動は記憶だけでなく記録を

機械保全を行っていく場合、どのような作業をしたかを保全担当者の記憶に留めておくのではなく、必ず作業した内容や故障した状態などを記録します。記録することで、故障に周期性はあるのか、同じ状態で故障するのかが把握できるだけでなく、予防保全・改良保全を行ううえでの重要な情報が得られます。

特に定期的に定量的な情報を記録することが必要です。たとえばモータであれば設備の負荷時、無負荷時の電流、電圧、モータの温度、騒音などがあげられます。突発な故障の原因がどこにあるかを調べる場合には、損傷した部品や写真・設備の図面などが必要になります。特に繰り返し発生する損傷に対しては、原因を把握し対策を講じることが必要です。

故障の記録から原因が判明

ある企業で、会社全体設備の故障・修繕の記録を見せていただいたことがあります。日時、設備名、交換部品名、作業内容、設備の停止時間などが記入されていましたが、残っていたのは計画保全の記録ではなく故障した後に行った修繕記録だけでした。

データが表計算ソフトで記入されていましたので、データをお預かりして調べてみると、大変興味深い結果が得られました。設備ごとの故障発生周期や故障の原因などがあきらかになったのです。そのデータによって、今まで故障のたびに交換していたもの以外にも、故障する場所と原因が判明しました。そこは製品の品質に影響する場所でした。社員の方と一緒に分解・組立・調整を行った結果、製品の不良率が激減したという報告を受けました。今まで、故障を起こしている部品のみ交換をしていたので、ほかに原因があることに気がつかなかった様子でした。

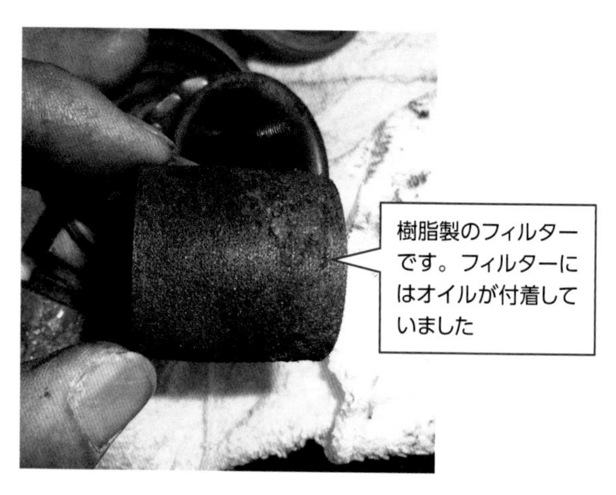

空気圧装置のフィルターがつまり気味で設備が動いていた状態で、シリンダの推力が足りていませんでした。点検作業を実施したところ、フィルター不良が多く見つかり交換することになりました。点検記録は定期的なメンテナンスを実施するうえで必要な情報です。

エアフィルタ内部の異物

エアフィルタの内部を点検している様子です。エア配管内の腐食により、エアフィルタ内部にさびやゴミが大量に入っていました。コンプレッサのエアドライヤやアフタークーラーの不具合が考えられますので、設備全体を見渡す必要があります。

エアシリンダの設置

エアシリンダを生産設備に設置しています。ただ単に取り付けるだけではなく、エアシリンダのピストンロッドが水平方向・垂直方向にスムーズに稼働するために座屈が起こらないよう調整する必要があります。
エアシリンダを作動させながら、エアシリンダを設置する締結ボルトを少しづつ締め付けて調整していきます。

エアシリンダの取り外し

エアシリンダを生産設備から取り外すとき、エアシリンダが座屈調整されている場合、記録などを取りながら分解することが必要です。座屈調整は、エアシリンダのピストンロッドが水平・垂直に座屈することなく作動できるように行います。分解した部品に組み間違いがあると、エアシリンダの寿命が短くなってしまいます。

第2章 「締結部品」の保全

2-1 KIKAI-HOZEN

「締結部品」とは

締結部品としてのボルト・ナット

締結部品の代表的なものは、ボルトとナットです。締結部品のボルト・ナットは自動車をはじめ、航空機や電車、産業機械などさまざまなところで使用されています。

ボルト・ナットに求められることは数多くあります。たとえば、締結されている部品などが外れないように確実に固定すること、分解する場合はボルト・ナットを緩めて取り外せることです。どちらか片方だけだと簡単なのですが、両方の要素が必要です。

「締める」と「緩める」

ボルト・ナットは使われる環境によって材質や形状が異なります。もし、ボルト・ナットが鉄で作られていると、さびなどの発生が考えられます。さびの発生を避けたい場合は、材質を考慮する必要があります。また、ボルト・ナットが高熱にさらされるような場所で、締結力が必要な場合にはそれ相応の材質を選択することが必要です。ボルト・ナットの形状についても、ねじ部のねじ山、ボルト頭部の形状やボルト首下のRなど、使用用途により適切なボルト・ナットが選択され、必要に応じた使われ方がされています。

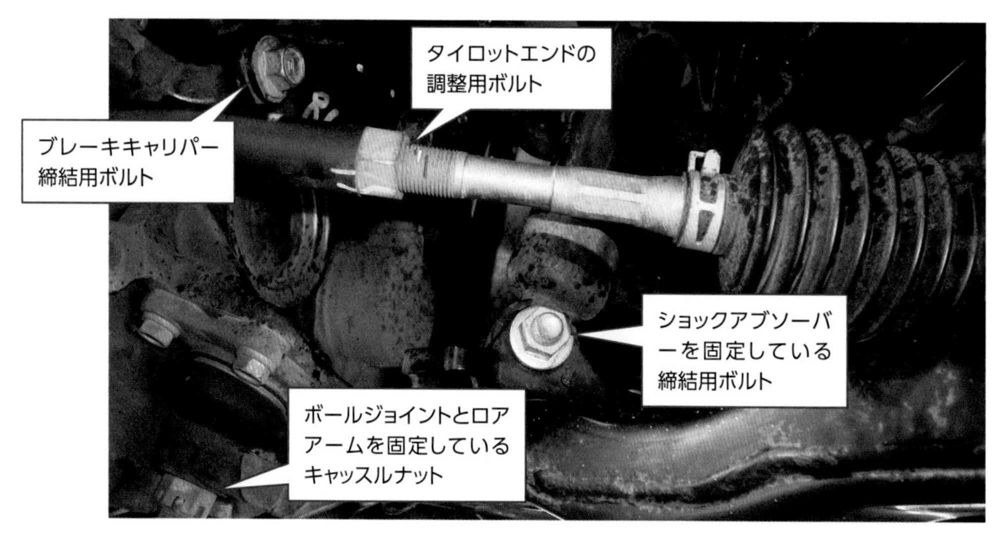

ボルトの材質、強度、ねじのピッチ、ボルト形状などで使用目的は異なります。また、使用用途に応じて締結ボルトが決められているため、形状やボルトの直径が同じでも使用用途は異なります。また、機能により絶対に戻り回転させないような工夫も数多くあります。

ボルトのねじピッチの確認

車輪のアライメントを調整するボルトです。部品同士を締結するだけでなく、部品の調整などをするためのボルトもあります。
調整用のボルトは、ボルトを回転させることで車輪の傾きを調整する構造になっていました。車輪に傾斜を測定できるテスターをつけて、調整ボルトを何度回転させたら車輪の傾きが何度の角度になるか確認をしてから、適切な角度を調整しました。

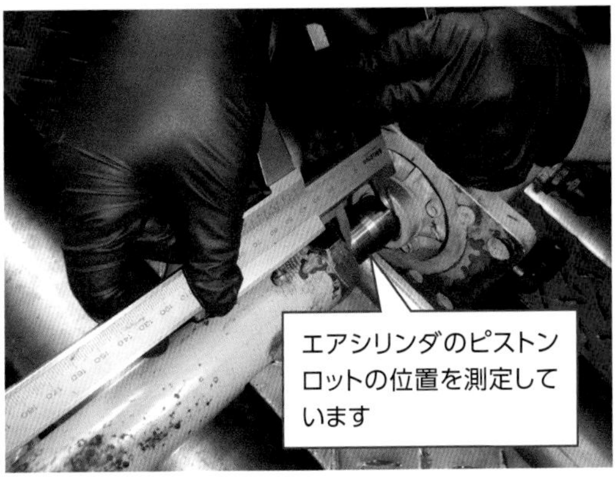

ピストンロットの位置調整

生産設備からエシリンダを取り出しエアシリンダのピストンパッキンなどを交換する前に、ピストンロットとロックナットまでの位置を測定しておきます。エアシリンダを分解整備した後、生産設備に戻す時にロットの長さを同じに調整しておくことで、設備に戻したときに調整時間の短縮になります。

ピストンロットの長さ調整

分解整備したエアシリンダを生産設備に戻しています。エアシリンダを取り外した状態に近づけて置き、エアシリンダを設備に設置した後、稼働状況に応じてエアシリンダのピストンロットの長さを調整する必要があります。調整する時間を短くするため、エアシリンダを取り外した状態を測定して置くことが重要です。

▶ マイクロメーターを使うときのポイント

たとえば測定工具で使うマイクロメータは、測定する構造をねじの原理に倣っています。マイクロメータの最小目盛りが1/100mmの場合、ねじ部のピッチは0.5mmです。ねじが1回転したときに0.5mm進み、マイクロメータのシンブルは50等分ですので、0.5/50等分、すなわち最小目盛りが1/100mmになります。

締結部品の用途・種類・材質

工場の機械設備や自動車、航空機などには、さまざまな用途に応じた締結部品のボルト・ナットが使用されています。ボルト・ナットは、どのような機能を要求されているのでしょうか？

自動車部品を締結するボルト・ナットでは、エンジンとバンパーに使われるボルトを比べてみると、要求される機能が全く違います。エンジンには高張力ボルトが使用されており、さらに高負荷・高荷重・高温という使用環境に耐えるだけの機能が求められています。バンパーを固定しているボルトは自動車専用の汎用ボルトを使用していますが、強度区分が細かく分かれており、固定される場所によって使用するボルトが決められています。工場の機械設備でも、ボルト・ナットに求められる機能はさまざまです。特に高負荷・高荷重や安全性が求められる設備については、適切なボルト・ナットを選択する知識が必要です。

細目ねじと平目ねじ

機械設備のボルトが入るねじ部を壊してしまったため、ドリルで穴をあけて以前より少し大きいねじ山を作り修理した事例がありました。ところが、修理した場所のボルトが以前より緩みやすくなったのです。

工場の機械設備を確認したところ、回転機械がリンクなどで動いて絶え間なく振動し、ボルト自体にさまざまな力がかかる構造になっていました。以前のボルトを確認すると、ボルトねじ部が細目ねじになっていました。ところが、修理した新しいねじ部は並目ねじで加工してありました。振動などで緩みやすい場所のねじを、細目ねじではなく並目ねじで加工してしまったのです。機械設備では、ねじ部の細目・並目を使い分けることが多くあり、ねじ部を加工するときはねじピッチを確認する必要があります。

トラックのプロペラシャフトを固定するボルトです

車両関係で用いられるボルト・ナットは、すべて細目ねじが使用されています。使用される細目ねじは数種類あり、より締結力が必要な場所はピッチの細かな細目ねじが使われています。車種によっては、タイヤなどの回転する部品は、右ねじ・左ねじを使い分けています。

このように、機械設備・車両関係・航空機関係などの締結部品のボルト・ナットは、設計者が用途・種類・材質などをよく考えながら最適なボルト・ナットを選択しています。別のものに変更する場合はよく検討してから行うことをおすすめします。

自動車用のボルト

頭部の数字はボルトの強度区分を表します。同じ直径でも、使用する箇所によって強度区分が異なります。

車両に使用するボルトは、すべて使用する箇所が決まっています。同じボルトの直径でも強度区分が違う場合、ボルトの使用箇所が異なります。取り外したボルトの適切な管理が必要です。

航空機用の耐熱・耐食ボルト

ボルトの材質はニッケル合金です。ボルトの首下には、通常より大きくRがついています。使用するときには、専用のワッシャーを使って部品を締結します。

ボルトの首下のRを大きくすることで、耐力は向上します。首下のせん断によるボルトの損傷を防ぐことができます。ボルトの使用用途に応じて、材質、形状などが異なります。

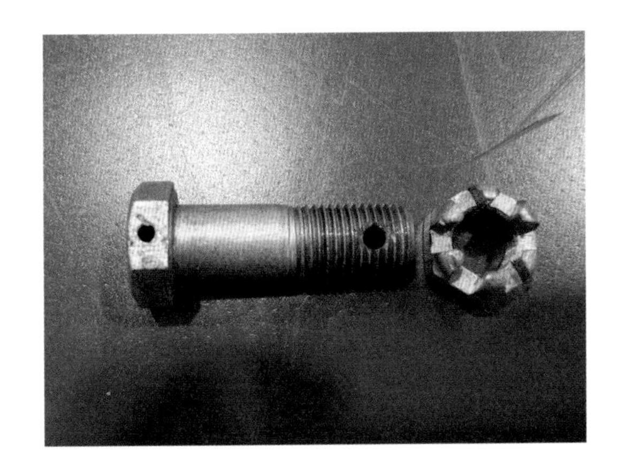

コッターピンを入れるキャッスルナット

コッターピンを入れて、ボルトとナットが戻り回転しないようにしているボルト・ナットです。規定のトルクで締結後、コッターピンを入れてコッターピンを曲げることで、ボルト・ナットが戻り回転をしない構造になっています。

使用するコッターピンの材質とキャッスルナットの材質は、電食が起こらないように考慮して選択する必要があります。

セルフロックナット

ナット内部に樹脂が使われています。樹脂の弾性変形により、ナットが戻り回転しない構造になっています。

ナットのトルク管理をする場合、ナットからボルトのねじ山が2山以上出てからのトルクを管理します。使用時には環境温度を考慮する必要があります。再使用するときは、ナットの樹脂部分の摩耗がないかなどよく確認します。

締結部品の仕組み

ボルト・ナットのトルクと軸力

機械設備や自動車の部品を外して組み付けるときに、トルク指定をしているボルト・ナットがあります。その場合は必ずトルクレンチを使い、指定されているトルクまで締め付けることが正しいと認識されている方が多いと思います。ボルト・ナットのトルク管理は大事なことですが、それよりも重要なことがあります。それはボルトにかかる軸力です。

トルクレンチも絶対ではない

たとえば、ボルト・ナットに砂や鉄粉などが付着した状態で締め付けると、必ずねじが噛んでトルクは増大します。しかし、ボルト・ナットは全く締まっていない状態です。このような場合、トルクレンチを使っていても測定した値は信用できなくなってしまいます。

ボルト・ナットを締めつけていくと必ずボルトの両端が引っ張られて、少しですが伸ばされます。伸びたボルトは必ず引っ張り戻される力が働き、この引っ張り戻す力が軸力になります。トルクと軸力の関係は密接な関係がありますが、ボルトの用途・種類・材質により、ボルトの直径が同じでも締め付けたときに発生する軸力は全く違う値になってしまいます。締め付けるトルクは、トルクをかけたときにどれだけの軸力が生み出されるかの換算値と考えていただければ理解しやすいと思います。

高張力ボルトを使用しているボルトには、締結方法をトルク法と回転角度法の両方で管理している場合があります。回転角度法を用いているボルトでは、ボルトをどれだけ回転させたか角度を確認できるように締結することが必要です。また、高張力ボルトは塑性領域まで引っ張ることからボルトが疲労している可能性があるため、ボルトの状態を確認してから使用することが必要です。

ベアリングホルダーの締結

クランクシャフトのベアリングホルダーを、トルクレンチを使って締結しています。必ず塑性領域で締結するため、規定トルクで締結後、角度法で締結するボルトになります。塑性領域で締結するため、一度使ったボルトは再使用しないで新品を使用します。

専用ボルトを取り外す工具がないため、ボルトを溶接し簡易的に取り外した事例

専用ボルトの取り外し方

オイルを注入するプラグに専用のボルトが使われています。専用工具がないため、専用ボルトの上に汎用ボルトを溶接してから、汎用工具で取りはずしました。取り外す工具がない場合には、ボルトに求められる機能を考慮して最善な方法を見つけだすことも必要です。

▶ アフリカでの事例

アフリカ（ウガンダ）に赴任していたときに、ウガンダ警察の車両が頻繁に壊れると相談がありました。作業現場を確認してみると、特にエンジン関係が深刻で、エンジンの分解修理を行っても半年（走行距離約2万キロ）で壊れてしまうようでした。

原因は、トルクレンチを使って締める意味を理解していないことです。トルクレンチを使う作業者や使わない作業者、あるいはレンチに長いパイプを付けて締める作業者がいるなどまちまちでした。トルク管理は一応されていましたが、ボルトのさびや高張力ボルトの使い回しなどで、規定トルクによって締め付けていてもボルトに発生する軸力にばらつきが発生している可能性があると考えました。

そこで、エンジン内部のボルトは再使用しないで新しいものを使うようにしました。作業ではまず工具を使わずに手で回せるところまで締め、その後はトルクではなく回転角度で締めてゆきました。1回目は90°、2回目は60°、3回目は30°、4回目も30°として、この方法でエンジンのシリンダヘッド、クランクシャフト、コネクティングロッドのボルトを回転角度で締め付けるようにしました。エンジンの型式が限定されていたため、作業者も管理しやすくなり、今まで壊れていた距離数を走行しても壊れないようになりました。

適正な締め付けとは

どのくらいのトルクで締め付けるか

機械設備や自動車のボルト・ナットを組み付けるときに、このボルトは一体どのくらいのトルクで締め付けるとよいか悩む方も多いと思います。締めつける力が大きすぎると、ボルトは破断してしまいます。しかし、逆に締めつける力が弱すぎると緩む原因になってしまいます。ボルト・ナットを正しく締めつけるには、ボルトにかかる力に対して弾性領域で締めつけるか、塑性領域で締めつけるかが重要になります。

トルク法と回転角法

弾性領域であれば、ボルトに両端から引っ張る力を加えたときごくわずかに伸ばされ、引っ張る力をかけるのをやめたときに必ず伸ばされる前の長さに戻ります。塑性領域では弾性領域とは違い、引っ張る力をかけるのをやめても元の長さに戻らなくなります。そのため、塑性領域で締めつけるボルトは再使用が不可能です。

ボルトやナットを締め付けるとき、トルクをどのように定量的に管理したらよいのでしょうか。その方法は、主にトルク法と回転角法に区別されます。トルク法はトルクレンチなどでボルト・ナットにかかるトルクを測定する方法で、回転角法はボルト・ナットを何度回転させたかを管理して角度で締めつける方法です。通常、トルク法と回転角法の併用で締め付けます。最初はトルク法で、その後に回転角法で再度締め付けます。

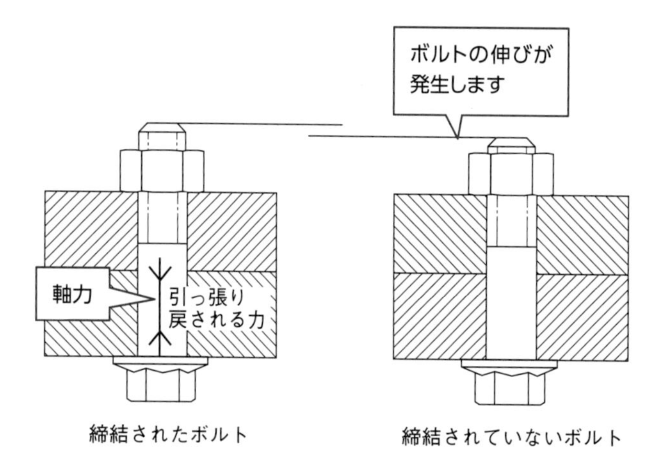

ボルト・ナットを規定トルクで締結すると、ボルトは必ず上下に引っ張られ、微量ですが伸びが発生します。ボルトには、伸びが発生すると逆に引っ張り戻される力が発生し、この力が締結する力になります。しかし、比較的柔かい金属などを使用した場合、ボルトの首下陥没が発生し締結する力がなくなってしまいます。

	1回目	2回目	3回目	4回目
締結方法A	30N･m	50N･m		
締結方法B	30N･m	50N･m	90°右回転	90°右回転
締結方法C	30N･m	50N･m	90°右30°左	120°右回転

締結するボルトに対して、トルク法と回転角度法の両方を使い締結する場合、回転角度の確認方法は右回転、左回転の両方用いた締結方法があります。

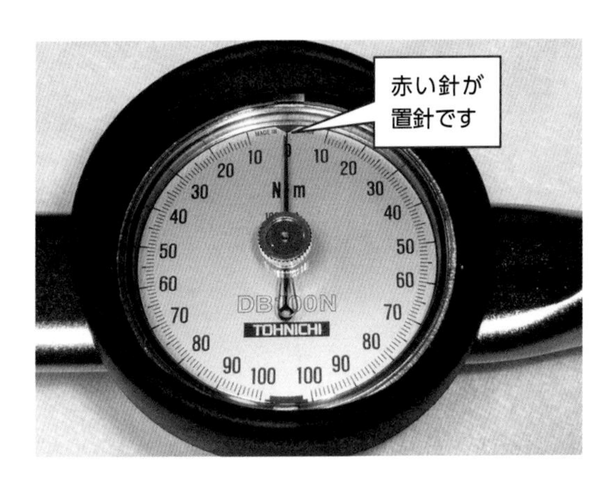

ダイヤル式トルクレンチでのトルク確認

左の写真は、ダイヤル式のトルクレンチです。置針式のダイヤルゲージを使うことで適正トルクで締結されているか、ボルトにトラブルが起こっているか、ボルトが緩んでいるのかなどが確認できます。規定トルクで締結してボルトが正常な場合、トルクの緩みは70%から80%になります。

緩めるときのトルク測定

ボルトを緩める前に、ペイントマーカーなどで合いマークをしておきます。そして緩めるトルクを測定します。置針式の場合、緩めるトルクの読み取りは容易です。緩めたトルクを100%に換算してトルクレンチで締結します。

締めるときのトルク測定

緩める時のトルクを100%に換算して、締め付けるトルクを確認します。締結したときに、ペイントマーカーで合いマークをつけた線が同じになっているか確認をします。

また、50%のトルクで緩めても戻り回転しないことを確認します。締結したトルクの50%で角度が1°でも戻り回転した場合、ボルトやねじのピッチ部が傷んでいる恐れがあります。

▶ ボルトのトラブルを防ぐには

トルク法は、ボルトを弾性領域で締め付けるときに使用するのに対して、回転角法は、弾性領域と塑性領域の両方で使用します。回転角法で締結されているボルトは再使用せず新しいボルトを使用します。もし再使用する場合は、組み付けるときにボルトの自由長を測定したうえで、締結したときの伸び量と分解したときのボルトの長さを測定し、新しいボルトの自由長になっているかどうかを確認する必要があります。

締結部品はなぜ緩むのか?

戻り回転によるボルト・ナットの緩み

締結部品（ボルト・ナット）は、多くの生産機械の締結部に使用されています。ボルト・ナットは、分解が必要な個所で使用します。

ボルト・ナットは、戻り回転して緩む場合と、戻り回転しないで緩む場合があります。戻り回転して緩む場合は、ボルト・ナットが緩む方向に力が加わって緩みます。この場合は、ボルト・ナットに「合いマーク」を付けることで、戻り回転をしているか確認できます。また、キャッスルナットとコッターピンを使えば、戻り回転は起こりません。

戻り回転しないで緩む場合は、ボルトに働いている伸ばされる力が無くなるようなケースがほとんどです。締結したとき、ボルトは伸ばされているので軸力が働いています。しかし、ボルト・ナットが部品に接触している個所で埋没してしまうと、軸力が働かなくなり締結の役を果たさなくなります。このほか、締結部品の緩む原因として、①密封材の変形、②過大な力が加わりボルト自体が伸びてしまった場合、③加熱・冷却の繰り返しでボルトが伸びてしまった場合などが考えられます。戻り回転しない場合の緩み防止には、ワッシャーやボルトなどの材質を考慮した選択、熱の影響を受ける設備は、ボルト自体を温めて伸ばした状態で締結を行い、締結力を大きくする方法などが用いられています。

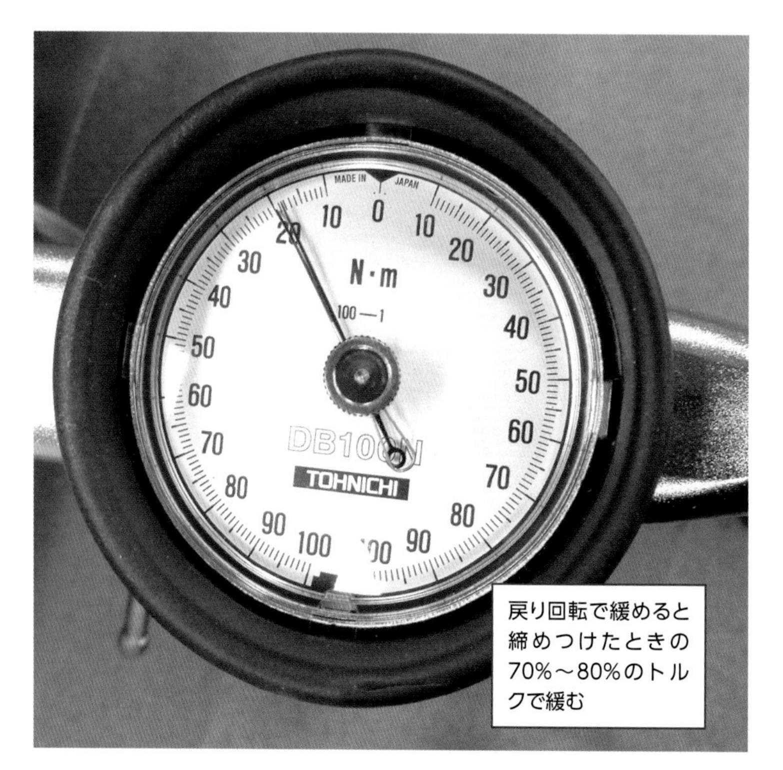

締結ボルトを規定トルクで締めつけたあと戻り回転で緩めると、締めつけたときの70%～80%のトルクで緩む。このことを利用すると、締結ボルトを緩めるときに70%～80%で緩むかどうか確認することで、緩みやすい個所のボルトなどを把握できる。

トルクが緩む力

20N·mで締め付けた場合、緩めるときは約14N·m〜16N·mで緩むことが確認できます。これを利用すると、締結ボルトが緩みやすい個所かどうかがわかります

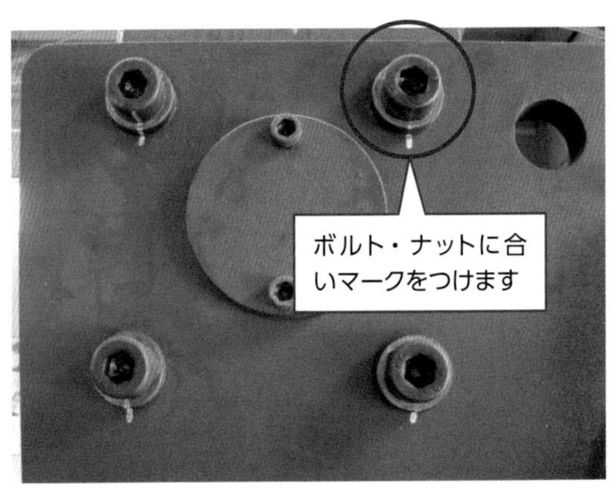

合いマーク

マークの位置がずれていないかによって、ボルトなどが緩んでいないか確認ができます。しかし定量的に確認することはできません。定量的に確認するには、ダイヤル式トルクレンチを使うことで確認します。

トルクレンチを使った締結確認

複数本のボルトを取り外す時に、同じトルクで締結されているかを調べます。ボルトにすべて合マークをつけて、緩める場合のトルクと合マークの位置まで締結する場合、トルクを確認することで、ボルトのトルクを調べられます。

▶ 軸から外れたスプロケット

ある企業から、チェーンとスプロケットを交換し設備を稼働させたら、軸からスプロケットが外れて設備が止まったと連絡がありました。この設備は、製品を温風で乾燥させ次の工程に運ぶための駆動用にチェーンを使っていました。設備稼働時は90℃前後になるため、スプロケットが熱膨張してねじが軸に固定されなくなり外れたと考え、操業状態まで温度を上げたうえで、固定ボルトを増し締めして解決しました。

締結部品の緩みを止める方法

戻り回転して緩む場合の対処

ボルト・ナットが戻り回転する場合には、ボルトの頭部かナットに「合いマーク」を付け、回転したら早期に発見できるようにします。合いマークの色や線の太さに工夫をすると効果的になります。線の色を白色・黄色・赤色など使う場所ごとに分け、白色は通常の設備、黄色や赤色は重要な設備などで使い分けます。すると、設備担当者やオペレータが認識しやすくなり、迅速に対処できます。

組立時にはボルト・ナットを規定トルクで締め付けたときのトルクを記録しておきます。同じボルト・ナットを分解するときに、規定トルクの70〜80%で緩むので、これ以下の数字で緩んだ場合、緩みやすい個所が把握できます。緩みやすい個所のボルト・ナットを把握できれば、緩み防止の対策を講じられます。

戻り回転する場合の緩み止めには、ねじ部の回転を抑制するような構造が有効です。よく使用されるものには、ねじ部を固着させるねじロック、物理的にねじ部を回転させないようにするキャッスルナットとコッターピン・セルフロックナット・セフティーワイヤーロックなどがあります。

戻り回転しないで緩む場合の対処

ボルト・ナットが戻り回転しない場合の緩み止めについては、ボルト自体に働く軸力を低下させないことが大切です。軸力を低下させないようにするには、ボルト・ナットだけでなく、締結対象についても考慮する必要があります。たとえば、締結する部品が軟質な金属や樹脂を使っている場合には、ボルト・ナットを締め付けたときに陥没しないように考慮する必要があります。ボルトを規定トルクで締結すると、必ずボルトは伸ばされ、引き戻される力で締結する軸力が発生します。この軸力は、ボルトの材質・表面処理などで異なり、使用する個所や使用する条件によりボルトを選択する必要があります。

エンジン内部には、いろいろな機能を持ったボルト・ナットが使用されています。その中で特に気をつけて締め付けを管理しなければならないボルトがあります。それはクランクシャフトにコネクティングロットを止めているボルトです。このボルト・ナットは低回転から高回転まで常時振り回されている状態で使用されており、もしボルト・ナットが緩んでしまうとエンジン自体の破損につながります。

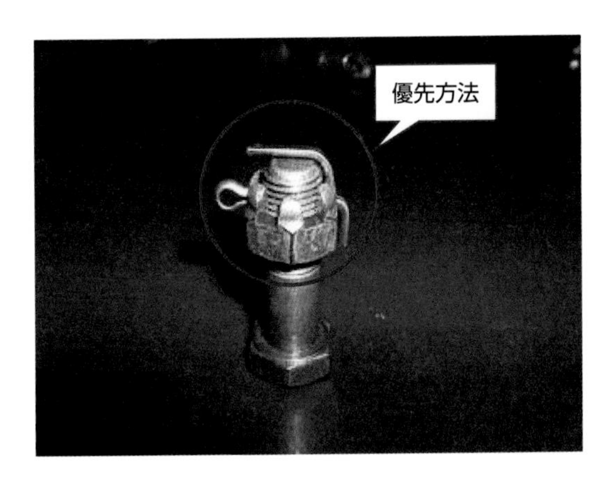

キャッスルナットとコッターピン

キャッスルナットとコッターピンで物理的に戻り回転しないようにしています。コッターピンの入れ方には、左記の写真とその下の写真のように2種類の場合があり、設備に合わせて選択する必要があります。

コッターピンの留め方

グリスがコッターピンにより攪拌される場合は左上の写真のようなコッターピンの留め方をします。左のような締結は折り曲げた先が近くの部品などに接触する場合や、グリスと一緒に回転軸受の固定に使われる場合に使われます。w

セーフティーワイヤ

締結部品はセーフティーワイヤでロックするようになっていますが、生産設備や車両などでも重要個所にはセーフティーワイヤでロックすることがあります。セーフティーワイヤはボルトが戻り回転した場合には、互いに締まる構造になっています。

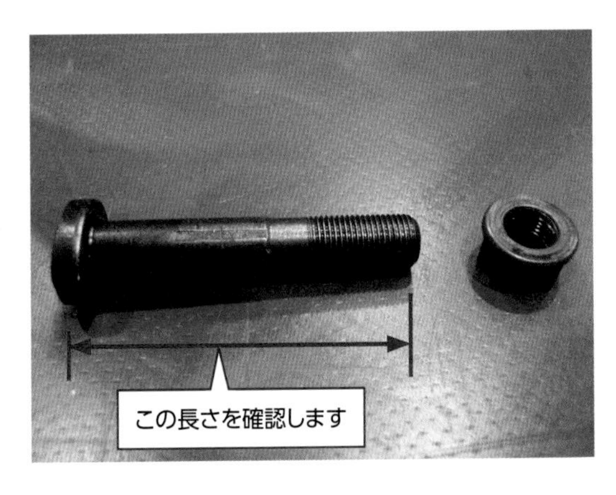

ボルトの伸び確認

エンジンを分解するときには、締結されたコネクティングロッドのボルトの伸びを確認するため、取り外したときの長さ（自由長）を測定します。新品時の長さと比較しボルトが伸びていないか、ボルトが再使用可能か、再使用時はボルトの材質や太さを考慮しなければならないかをよく観察します

締結部品の日常点検方法

組み立てられたボルト・ナットの点検

生産設備や車両などに用いられている数多くのボルト・ナットは、一度締結されると故障しない限り再び取り外さないのが普通です。しかし、ボルト・ナットの緩みなどによって故障が引き起こされることもあります。すでに組み立てられた設備の中に使用されているボルト・ナットの点検方法が確立できると、損傷の度合いは少なくなります。

締結方法を知る

まずは、使用されているボルト・ナットがどのように締結されているかを把握する必要があります。①ボルト・ナットで締結しているのが比較的柔らかい金属かどうか、②振動・熱の影響を受ける要素があるか、③ガスケットなどが密封材として締結されている構造になっているか、④過大な外力などを受ける構造になっていないかなどに分けられます。

①では、特にアルミニウムなどの柔らかい金属では、ワッシャーなどを入れずにボルト・ナットだけで締結すると、ボルト・ナットと金属の接触個所が陥没して緩むことがあります。日常点検では、金属表面が陥没していないか確認しながら、定期的に増し締めが必要です。

②の場合は、締結されたボルト・ナットが緩む可能性が高くなります。振動する場所では、緩み防止用のワッシャーやセルフロックナットなどを使用することである程度抑制できます。また、熱の影響を受ける場所では、ボルトの全長が変化していないかを確認します。全長が変化していた場合、緩んでいる可能性があるので定期的な増し締めが必要です。

③では、密封材のガスケットを間に挟みながら締結した場合、ボルトの長さやガスケットの厚みが変化していないか確認することにより、緩んでいるかどうかを把握できます。配管の接続でフランジを用いている場合、両側よりボルトとナットを規定トルクで締結すれば、必ずボルトは伸ばされ、ガスケットは規定の厚さまで圧縮された状態になります。ガスケットの経年変化などで厚さが変化した場合、締結されたボルトは緩みます。重要なフランジに用いられているボルトの長さや、フランジ間のすき間を測定することが、緩みの早期発見につながります。

振動による緩み

写真は、ローラーが回転するピロブロックのボルトが緩んでいたときの様子です。設備が稼働中の場合、この部分には常時振動が発生しています。②のとおり、振動が発生する個所は、ボルト・ナットが非常に緩みやすい場合があります。定期点検で確認するポイントになります。

過大の外力・衝撃による緩み

写真はエアシリンダのピストンロット先端のロックナットです。
エアシリンダのピストンロットは、ピストンロットとロックナットに過大な外力と衝撃が常時かかっています。④のとおり、過大な外力が常にかかっているため、緩みやすい箇所です。

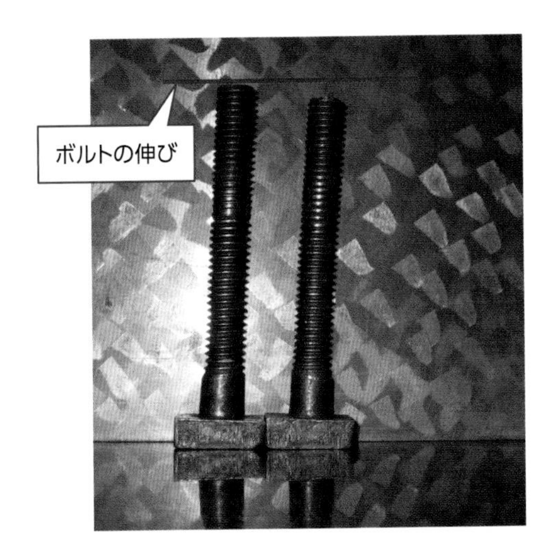

ボルト長の測定

④の場合、ボルトに過大な力がかかり、せん断または引っ張りでボルトが伸ばされて緩むようになります。ボルトにかかる過大な力に対して耐えるだけの強度が必要になります。点検方法としては、一度締結したボルトを再度使用するときは、新品時にボルト単体の長さを測定しておき、伸びがないか確実に調べることが必要になります。

▶ 定期的な緩み確認が必要

ボルト・ナットの日常点検の基本は、定期的に増し締めなどを行うことが必要です。特に回転機械や安全上重要な個所については、トルクレンチでの確認、テストハンマでの打音確認などを行い、緩みなどの確認が必要になります。

損傷した締結部品の取り外し方

折れたボルトの取り外し

ある企業から、塗装設備で数本のボルトが折れてしまい、有機溶剤があるので電気ドリルが使えないため、どうしたらよいかという相談がありました。このケースでは、防爆用のセンターポンチとハンマを使い取り外しました。最初にセンターポンチで折れたボルト頭部の中心を軽く叩きます。叩くことでボルトのねじ部に少しガタを持たせ、ねじ部を反時計回りに回転させ取り外せます。また、センターポンチを斜め45度に傾けながら、ねじ切れた部分の後ろ側をハンマで少しずつ叩きながら反時計回りに回転させると容易に取り外せます。

バルブコンパウンドを使う

プラスねじや六角穴付きボルトの頭部をなめてしまった場合には、バルブコンパウンドを使います。バルブコンパウンドとはバルブとバルブシートをすり合わせて密着をよくする研磨材のことです。粒子が比較的大きく、また熱に耐える硬い吸気・排気バルブの金属を削りながらすり合わせするため、粒子自体非常に硬い物質でつくられています。このバルブコンパウンドをなめたプラスねじ頭部や六角穴付きボルトの中に少し塗り、プラスドライバや六角レンチなどを入れてから十分にねじの底まで入るように軽くハンマで叩きます。その後、ドライバや六角レンチを回すと、滑らずに回せるようになります。硬い粒子がすべり止めの役目をして、一緒に食いついた状態で回せるのです。

ボルトが折れてしまった場合、取り外すには電動ドリルで先端に穴をあけ、その中に逆タップを打ち込み取り外すことがよく知られています。その他にもさまざまな方法があり、多様な折損ボルトの取り外し方を習得することで、保全の幅が広がります。

叩いてガタを発生させる

最初に、センターポンチの頭部を軽くハンマで叩きます。叩いたときに、少しセンターポンチが下がります。すると、固定されているボルトの残りにガタが発生します。

叩きながら少しずつ回して外す

写真のようにセンターポンチを当て、ねじ切れた残り部分を後ろからハンマで少しずつ叩きながら、反時計まわりに回していきます。絶対にねじ部のピッチに傷を付けないようにして叩くのがコツです。

コンパウンドを使用して取り外し

コンパウンドは、硬い粒子状になっています。粒度は細目・中目・粗目があり、コンパウンドがなめた部分に食いつき、ドライバを滑らせないようにして回転させられます。私は中目を主に使っています。

▶ ヒントはアフリカでのできごとから

このやり方を思いついたのはアフリカ（ウガンダ）在任中です。車のタイヤがパンクしたとき、交換しようとしても、車にあるタイヤレンチが非常に傷んでおり、ナットを外せませんでした。そのとき、バルブコンパウンドをタイヤレンチに塗りナットを回すと、今まで滑って回せなかったのが簡単に回せたのです。本来の使い方とは異なりすが、困難に遭遇した場合は、そこにあるもので一番早く確実に対処する能力が必要です。

第3章 「伝達装置」と保全作業

3-1　KIKAI-HOZEN

伝達装置とは

動力を確実に伝達する装置

伝動装置は、回転している回転軸の動力を違う軸に伝達する装置として、多くの生産機械や車両、航空機などに用いられています。また、動力伝達をする機能を変化させる目的も含まれます。

動力を伝達する方法は、減速機や増速機などによって伝達された回転数を増減させ、出力として伝達されるトルクを変化させる場合や、水平に回転している軸が伝達している出力を異なる方向へ伝達する場合など、求められる機能によりさまざまです。また、回転軸が伝達する精度を必要とする機能を求められるものもあります。サーボモータやステッピングモータは、回転角度を度、分、秒の精度で正確に伝達することが必要な機械に使用されています。

写真は、ディーゼルエンジンのタイミングベルトです。クランクシャフト、カムシャフト、ウォーターポンプ、噴射ポンプを、タイミングベルトを介して駆動しています。ウォーターポンプを除くすべての部品は同期しています。
タイミングベルトを交換するときは、確実に同じ位置になるように交換する必要があります。もし、タイミングベルトが1山でもずれたとしたら、エンジンが壊れる、エンジンがかからないなどの悪影響が出てきます。

油圧装置とチェーン

油圧リフトが上昇し、上昇した油圧シリンダのロッドがチェーンに伝達され、チェーンが引き上げられることにより、リフトを昇降する仕組みになっています。チェーンでは、回転だけではなく、荷重も一緒に伝達されます。そのため重い荷物を移動させられるのです。

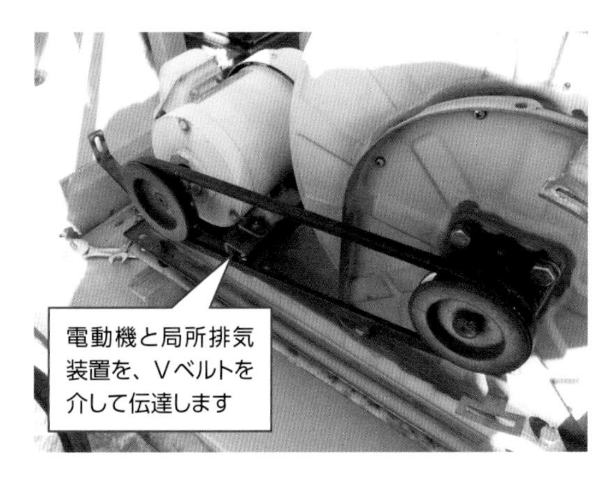

Vベルトとプーリで動力を伝達

プーリ径を変更することで、局所排気装置の回転数を調整しています。Vベルトの種類を一般用または耐摩耗用に調整することで、連続運転中にVベルトが損傷しないようにしています。

回転機械に使用される等速ジョイント

スプライン部がスライドすることで、動力を伝達しています。スプライン部には、定期的に潤滑グリスの補充が必要です。スプライン部の摺動部に摩擦抵抗があると、伝達がスムーズにできないばかりか、等速ジョイント自体が損傷するおそれがあります。

▶ 動力の伝達方式

伝動装置は、歯車の噛み合いを用いる歯車伝動装置、ベルト・チェーンなどを用いる巻掛伝動装置、クラッチなどの摩擦を用いる摩擦伝動装置、自動変速機で用いられる流体式や電気式など多くの種類があります。各伝動装置は、生産設備では製品の品質に影響を与える重要設備に、車両や航空機などの運輸装置では動力源を効率よく安全に伝達させる重要保安部品に用いられます。伝動装置は種類ごとにメンテナンス方法が異なります。

伝達装置の用途・種類・機能

変速機と減速機

伝達装置の機能を利用しているのは、変速機、減速機などです。変速機、減速機の機能を発揮するために、歯車、ベルト・チェーン、摩擦クラッチなどによる伝達機能があります。

変速機は、歯数の異なる歯車を組み合わせて、無段、数段から十数段にわたって変速する装置です。これに対して減速機は、一定の割合で変速する装置です。変速機や減速機は、モータやエンジンなどの原動機と負荷側の機械設備との間に設置されます。回転数を下げて回転力（トルク）を上げるために使用される方法がほとんどですが、増速・減速の両方に利用している装置もあります。

歯車の噛み合いを利用する変速機・減速機

歯車の噛み合いを利用した減速機・変速機は入力軸・出力軸の配置、歯車の種類、歯車の配置などによって分類されます。軸の配置では平行軸か直交軸、入出力軸の方向では平行・直交・くい違い直交などがあります。歯車の種類では、平歯車・はすば歯車・やまば歯車・かさ歯車、ウォームギヤ・ハイポイルドギヤなどがあります。歯車の種類と軸の配置、入出力軸の方向によって、使用される減速機・変速機の種類と減速比が決まります。

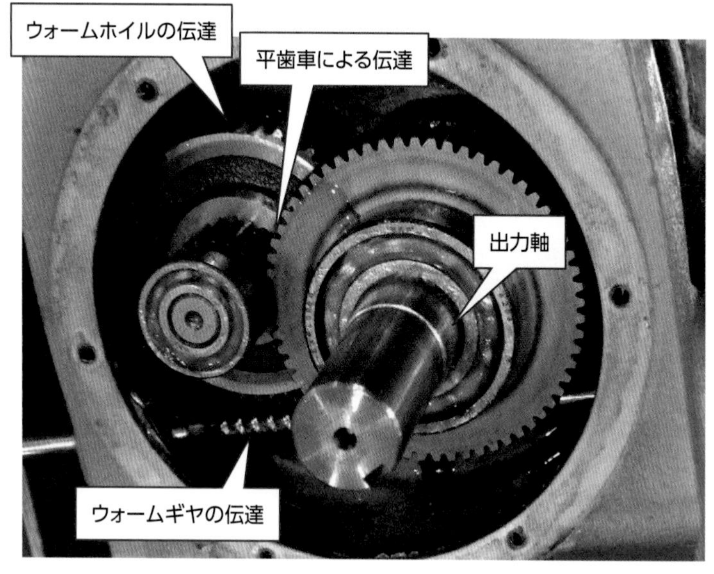

モータなどの原動機から入力軸を通してウォームギヤが回転され、直交に配置されたウォームホイルに回転を伝達します。ウォームホイルによって同軸の平歯車が回転し、それが出力軸に伝達され駆動されます。ウォーム減速機は入力軸と出力軸がくい違い直交による伝達になります。内部は潤滑油による潤滑が必要です。また、入力軸から出力軸には回転が伝達されますが、出力軸から入力軸には伝達されません。

オートマチックトランスミッションの内部

複数枚のディスクとクラッチディスクを交互に挟み込み、摩擦を利用して回転力を伝達しています。クラッチディスクは、摩擦により回転する動力を伝達します。1枚のクラッチディスクで伝達できる能力は小さいですが、複数枚同時に伝達すると、高負荷の動力も伝達できます。

ベルト無段変速機

プーリの幅を変えることで回転数が無段変速になります。減速機側、電動機側でお互いにプーリの幅を変えることで、回転数を調整しています。無段変速機のプーリ幅を変更する場合は、必ず動いている時に行います。

ディスク無段変速機

円すい状板を複数枚配置したディスクを挟み込み、互いの摩擦を利用して動力が伝達します。この互いに挟み込む接触部分の幅を変化させることで、無段階に変速しています。無段変速用のベルトがスリップしないように、表面から脂分を除去しておきます。

▶ Vベルト式・チェーン無段変速機の注意点

Vベルト式・チェーン式無段変速機では、ベルトやチェーンをかさ状のプーリで互いに挟み込み、挟み込む幅を変化させます。噛み合う有効半径を変更することで増速・減速を行います。チェーン式無段変速機の調整は必ず運転時（回転中）に行います。停止中に行うと、チェーンとかさ状プーリに傷が付き、故障につながります。ベルト式無段変速機ではチェーン式と違い潤滑油を使用しないため、摺動部や軸受などには適切な給油が必要です。

歯車による伝達

歯車利用の変・減速機

減速機や変速機では、噛み合う1対の歯車のうち、歯数の多い歯車はギヤ、歯数の少ない歯車はピニオンと呼ばれます。歯車の各部には細かく名称がついていますが、機械保全で特に重要な言葉は、「ピッチ円」と「バックラッシュ」です。

重要なピッチ円とバックラッシュ

ピッチ円は、互いに噛み合う歯車における接触面に相当する部分です。歯形の基準になる円ですが、実際には見ることができない仮想面です。噛み合う歯車が接触する面を確認することが、正常に接触しているかの判断材料になります。

バックラッシュは歯車を組み合わせたときの遊びのことです。歯車は、1対の噛み合う歯車の歯厚（1つの歯の厚み）が歯みぞの幅（歯と歯の幅）より少し小さくつくられています。そのため、歯車を噛み合わせると、歯車同士の遊びが生じます。この遊びをバックラッシュと呼んでいます。

バックラッシュは、歯車の運転を円滑に行うために設けている遊びです。歯車は精度誤差や運転時の負荷による影響を受けて軸のたわみ、軸の変形などが起こり、円滑に運転ができなくなる場合があります。それを避けるため、歯車間に遊びを設けて回転をスムーズにしています。しかし、バックラッシュが大きすぎると、振動や騒音につながります。

生産設備の変速機内部の歯車には、変速するギヤと変速しないギヤがあります。変速するギヤは、ギヤの端面がやま歯の構造になっています。変速するギヤのやま歯部分が摩耗すると変速しにくくなります。変速するときは必ず停止してから行います。

内燃機関で使用されている はすば歯車の噛み合い状態

歯が軸に対して傾いてらせん状になっています。平歯車より振動や騒音が少ないものの、軸方向に動くスラスト荷重が発生します。組み付けに際しては、歯の組み合せが重要です。同期やタイミングが設定されている場合には組み合わせる位置が決まっており、間違えると振動の発生や損傷につながります。

平歯車の構造

平歯車は、歯が平行に並んでいます。歯に付着したギヤオイルが歯車に接触することで、すべての歯車に潤滑油を供給しています。はすば歯車と違い、振動や騒音は大きめです。ギヤオイルを定期的に交換することで、歯の寿命を延ばせます。

自動車のトランスミッションバックギヤ（平歯車の変速機の歯形）

平歯車の変速機では、歯車を停止した状態で歯車の組み合わせを変えるために、歯の一部を斜めに削っています。歯を互いに組み合わせたときに、斜めに削られた部分で歯が滑りながら組み合わせが行われます。汎用旋盤などの変速機に使用されています。

▶ 歯車の種類と軸

入力側の軸と出力側の軸が平行なものには、平歯車、はすば歯車、やまば歯車、内歯車などがあります。平歯車は歯すじが直線になっており、軸に対して平行に取り付けられています。はすば歯車は、歯が軸に対して傾いたらせん状になっています。やまば歯車は、左右の傾きが対称なはすば歯車を2個1対に組み合わせた歯車です。内歯車は、円筒の内側に歯があり、外歯車と噛み合いながら回転します。主に遊星歯車などに用いられています。

歯車用の種類・供給方法・適正量

ギヤオイルの種類

変速機などで使用されているギヤオイルは、工業用と自動車用に区別されます。自動車用の場合、歯車に高い付加がかかるため、高荷重に耐えられるように極圧添加剤が入っています。

工業用と自動車用のギヤオイルの共通点は、適正な粘度があり、噛み合う歯車に対して強い油膜が形成できるオイルでなければならないことです。また、ギヤオイルが撹拌されたときに気泡の発生を極力抑えることができる消泡性に優れ、長期間使用しても酸化や化学的変化が少なく安定していることが求められます。

歯車用オイルの種類は、歯車をギヤボックスなどの中で潤滑する密閉歯車用潤滑油と、ギヤボックスを用いないで外部に開放している開放歯車用潤滑油に分けられます。密閉歯車用潤滑油はギヤボックスに入れられて使用するため、適正な粘度があり、なおかつ温度変化により粘度が変化しないオイルが用いられています。また、噛み合う歯車の間に強い油膜を形成する必要があります。

開放歯車用潤滑油はギヤボックスなどがない歯車に使用されるため、特に水分やほこり、粉塵が多い環境においては、耐摩耗性や耐水性の高いものを使用します。また、ギヤオイルの油膜がなくならないように、高粘度かつ粘着性に優れているものなどを選びます。

密閉歯車用減速機にギヤオイルを入れているところです。ギヤの歯が回転することを利用して、「はねかけ式」の供給方法で行います。なお、ギヤボックスで密封されていても、ギヤオイルを自動供給しながらフィルタなどでろ過して再利用する循環供給方法もあります。開放歯車用は、歯車が外部に開放されているため、塗布や滴下、噴霧に区別されます。通常塗布の場合には、グリスやギヤコンパウンドが使用されますが、滴下や噴霧ではオイルが使用されています。

はねかけ式のギヤオイル供給量

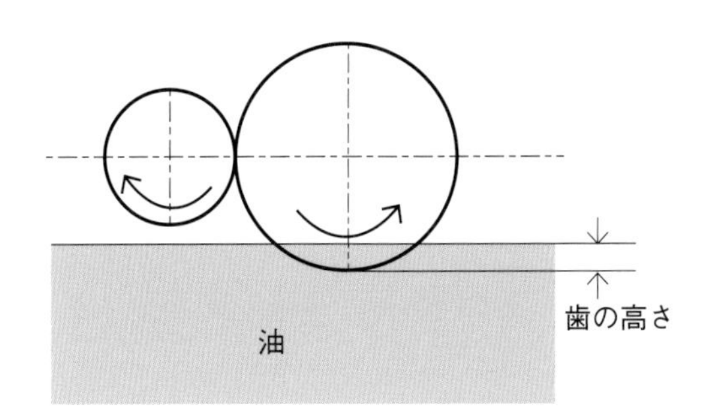

はねかけ式では、歯車の回転によって歯車全体へ供給します。ギヤオイルの供給量が多いと、ギヤオイルが攪拌されて油温が上昇し、早期の劣化につながります。そのため、歯車の回転方向によってギヤオイルの量を調整して、ちょうどよい量が供給されるようにします。

歯車の回転方向とギヤオイルの量

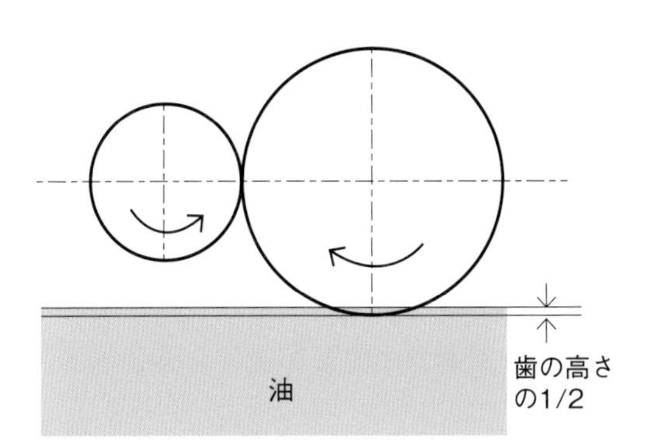

はねかけ式でのギヤオイルの供給量は、左図の通りです。通常、歯車の回転方向が左回りのときは歯の高さ、右回りのときは歯の1/2の高さまでギヤオイルに浸漬させます。ギヤオイルを循環供給する場合、使用する設備によって供給量が異なります。

ギヤオイルを規定量以上入れた場合

規定量以上のギヤオイルを入れて減速機を回転させると、ギヤオイルが攪拌され乳白色に変化します。ギヤオイルが乳白色に変化すると、水分が混入しても時間が経過しても乳白色のままです。また、ギヤオイルの攪拌により温度が上昇し、ギヤオイルの粘度が下がってしまいます。

ギヤオイルが適正量の場合

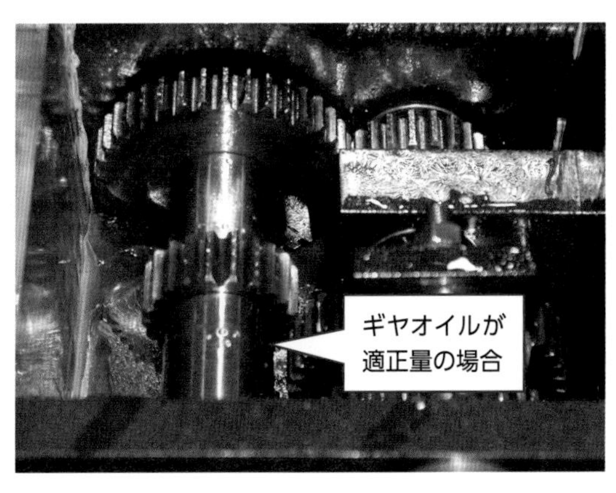

ギヤオイルが適正量であれば、ギヤオイルの色や温度が機械稼働中に変化することはありません。ギヤオイルの状態が安定している場合、減速機などの突発的な故障を防ぐことができます。減速機などのレベルゲージなどの点検窓から、オイルの量の点検以外に、ギヤオイルの色の状態などを確認することが大切です。

歯車の損傷事例

歯車損傷の場合は必ず原因を追及する

歯車が損傷した場合には、その原因を必ず確認することが大切です。歯車やギヤオイルの状態を確認することで、歯車が今後損傷しないような措置を行うことができます。

損傷した歯車の状態を表した名称として、①アブレシブ摩耗、②スコーリング、③スポーリング、④ピッチングなどがあります。

ギヤオイルの中に硬く細かな異物が混入したことによる摩耗

①アブレシブ摩耗は、ギヤオイルの中に硬く細かな異物が混入し、ギヤの歯車が異物によって削り取られ、摩耗した状態です。アブレシブ摩耗を起こさないようにするには、異物の混入を防ぐことや、ギヤオイルを定期的に交換することが必要です。

②スコーリングは、適していないギヤオイルを使っていることやギヤオイルの不足によって噛み合う歯面に油膜がなくなり、金属同士が接触する部分が溶着して引っかき傷がついたような状態です。対策として、適切な潤滑油の選定や潤滑油の供給量の確保が必要です。

歯車の材質不良などによる歯車表面の疲労

③スポーリングは、歯車の材質不良などにより歯車の歯面表面が疲労して金属表面が欠ける現象です。この場合、潤滑油の変更では解決することができないため、歯車の金属変更や金属の表面処理の見直しを行うことになります。

④ピッチングは、噛み合う歯面に細かい凹状の穴が無数にできる状態です。この場合は、潤滑油の変更や噛み合う歯面の当たりを調整することが必要です。歯面の当たりが良好になると、ピッチングの進行は止まります。

減速機付きモータが潤滑不良のために摩耗してしまった事例

写真は、ある会社で使用されていた減速機付きモータです。潤滑油管理が正しく行えていなかったことにより摩耗したモータの事例です。

この事例では、長期間にわたって潤滑油を交換しなかったため、ギヤの摩耗粉により歯車が摩耗してしまっていました。内部の潤滑油は変質して、半固体状になっていました。潤滑油はギヤの摩耗粉によって、かなり汚れた状態でした。

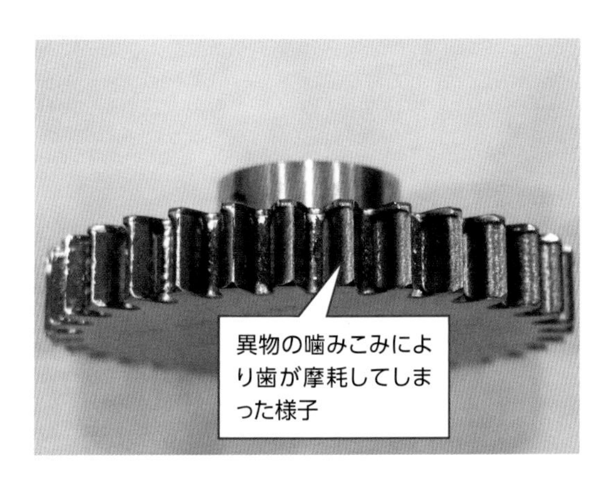

異物の噛みこみで摩耗した歯車

左の写真は、異物の噛みこみによって歯車が摩耗してしまい、設備が損傷してしまった事例です。異物は硬質プラスチックで、プラスチックでは損傷は発生しないと考えてカバーなどは設置されていませんでした。外部から異物が入らないようカバーを設置して異物の侵入を防ぎ、ギヤの摩耗を起こさないための恒久的な措置を行いました。

異物の噛みこみで歯厚がなくなった状態

左の写真は、歯車の噛みこむ場所に異物が混入してしまい、歯の当たり面が摩耗した事例です。二つの歯車に両方とも同じ材質の金属を使用していたため、片方のギヤが損傷しはじめると、損傷した歯車の破片によって両方ともが摩耗してしまいました。片方の金属の材質を変更し、両方の損傷を避けるように組み合わせて使用することにしました。

はすば歯車のギヤ状態

ギヤオイルをはねかけ式で供給している場合は、定期的にギヤオイルの量を確認する必要があります。ギヤオイルが少なくなっている状態で使用を継続すると、ギヤ表面が摩耗していきます。それが進行すると、減速機全体の破損につながります。定期的なギヤオイルの交換が必要です。

▶ 損傷は外的要因による場合もある

ここまで、ギヤオイルや歯車に起因する損傷について見てきました。この他にも、損傷が起こる原因はいくつかあります。たとえば、電動機などの漏電によって起こる電食や、歯車の振動によって起こるリッピングなどです。これらは、歯車とは直接関係がない、外的要因によって起こる損傷です。損傷がなぜ起こるのか、原因を正しく把握することが重要です。

チェーンによる伝達

チェーンが伸びる理由

軸間が大きいなどの理由で直接回転を伝えられない場合は、チェーンなどで伝達します。チェーンは、プレート、ブッシュ、ローラ、ピンから構成されています。そのチェーンが伸びるのは、ピンが摩耗した分ピンとブッシュの間にすき間が生じるためです。下の写真からわかるとおり、ピンに相当の摩耗が確認されています。短期間で伸びる場合は、原因を確認し、改善と対策を講じる必要があります。

チェーン用オイルの種類

チェーンにはグリスではなく潤滑油が主に使用されます。グリスは半固体のため、内部まで十分に浸透しない可能性があります。潤滑油を塗るときは、必ずチェーンに張りがない場所で潤滑油を塗ります。潤滑油は粘度がVG68程度で、製造される製品に影響を与えないものを使用します。医薬品や食品製造業では潤滑油の種類を詳細に検討し、適したものを使用します。

チェーンの損傷事例

チェーンの損傷を防ぐためには、チェーンの伸びを測定することが重要です。測定は、ノギス1本で簡単にできます。長いチェーンの場合には、数カ所を測定する必要があります。測定する場所でチェーンの伸び率が異なるためです。通常、伸び率が3%前後、回転がきわめて遅い場合には5%前後が交換の目安になりますが、製品の品質に影響する場合は1%以下でも交換することがあります。

チェーンの伸び率が大きい場合には、スプロケットの平行やスプロケットを取り付けている軸の曲がりなども確認します。軸が曲がっている場合、チェーンが繰り返しの張力をかけながら駆動するため、ピンが摩耗しやすくなりチェーンの伸びにつながります。

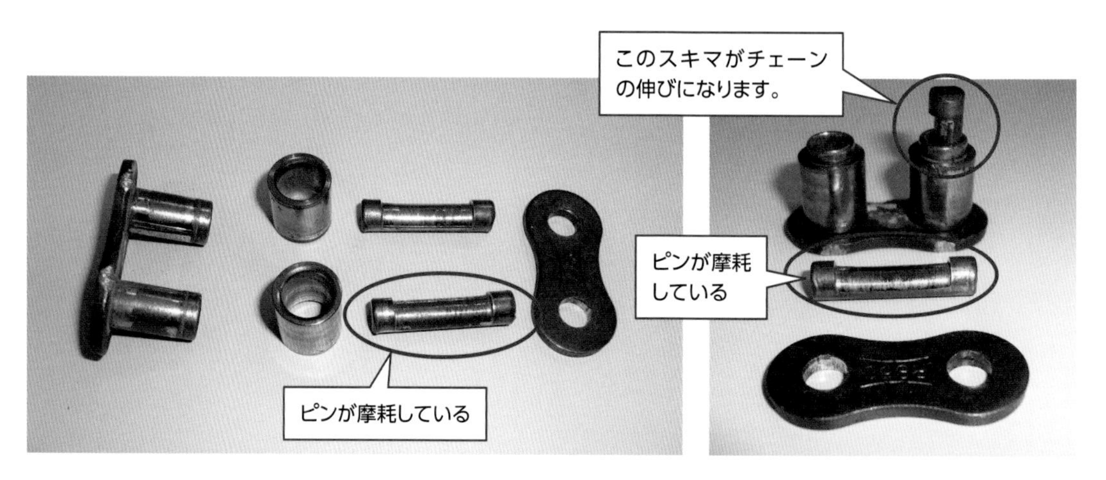

摩耗の度合いの測定方法

リンク数を決め、チェーンに張りを持たせて、ローラの①内、②外の順番で測ります。
伸びた長さ＝(①＋②)÷2
新品時の長さを基準として、以下の式で摩耗寿命を計算します
摩耗寿命＝(伸びた長さ－基準長さ)÷基準長さ×100

チェーンの摩耗状態の確認

左の写真は、偏摩耗した箇所があるチェーンです。チェーンが偏摩耗した原因を確認するために、設備をよく点検します。特に、チェーンの摩耗部分がピンなのか、ローラなのか、ブッシュなのかをよく確認します。

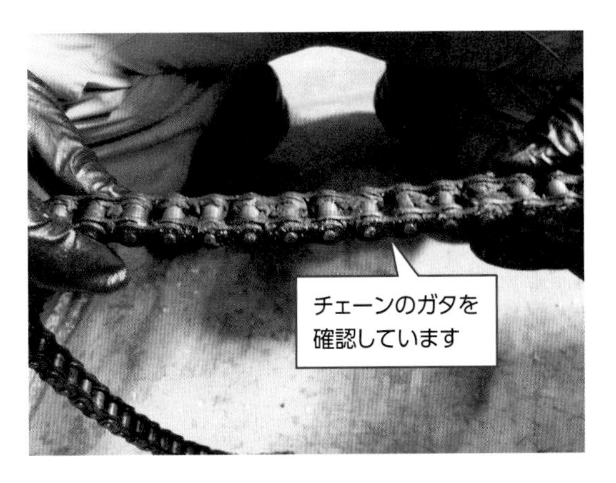

チェーンの点検

設備に付けられていたチェーンを取り外し、点検をしています。両手でチェーンを持ち、チェーンのガタなどを確認します。ガタがある場合は、設備の稼働によってガタが発生したのか、設備自体に不備があって発生したのかを確認します。

スプロケットの摩耗

チェーンが摩耗していた設備のスプロケットを確認しました。軸、キー、スプロケットは赤茶色の摩耗腐食が発生していました。軸の先端も摩耗している可能性があり、スプロケットを取り外すと、軸の先端とキーが摩耗していました。キーの角がなくなるまで摩耗している状態でした。

ベルトによる伝達

Vベルト

Vベルトによる伝動は主に平行な2軸間で行われています。軸間距離が比較的短い場合に用いられます。Vベルトの断面は台形をしており、環状にした綿糸と綿布をゴムで包んだ構造になっています。Vベルトは、中心帯（張力を発生させるひも状の芯線）・圧縮帯（ゴムを圧縮して形状をつくる）・外被の3つから形成されています。Vベルトの角度は必ず40°で、プーリの角度は34°から40°になっています。プーリの径が小さいほど角度も小さく、径が大きくなると角度が40°に近づきます。

Vベルトとプーリの接触面の摩擦抵抗によりプーリが回転します。この接触面の状態を確認することで、摩耗、平行ずれ、偏角などの調整不良が分かります。作業時は、ベルト接触面に絶対にキズなどをつけないように作業する必要があります。

Vベルトとプーリの高さを確認すると、Vベルトがプーリより低いことが分かります。新品のベルトに交換してもこのような状態になっている場合、プーリの摩耗が考えられます。そのときはプーリとVベルトの両方を交換する必要があります。

ベルトが摩耗し、プーリの外形よりも内側に入ってしまっています。これは、ベルトを新品のものに交換する目安です。もし、ベルトを交換してもプーリ外形と同じか、ベルトの方がプーリより下になっている場合は、プーリ側を交換する必要があります。

ベルトの異臭

ベルトから異音が出ているのに長期にわたり使用したために、ベルトが燃えてしまいました。異臭がどこから出ているか特定できず、放置されていました。

異音・異臭・煙が出た場合は、すみやかに対処する必要があります。ベルトの不具合が火災事故につながる可能性もあります。

プーリが平行でないためベルトが劣化

ベルト交換後、短期間で異音が発生し、再度ベルトを取り替えることになった事例です。プーリ同士の距離が1.5mあり、さらに平行を合わせづらい位置関係でした。そこで、建築用の水糸を引っ張りながらできるだけ正確にプーリ同士の平行を合わせました。プーリ周辺にベルトの摩耗粉が相当あり、ベルトも熱によると思われる劣化が起こっていました。

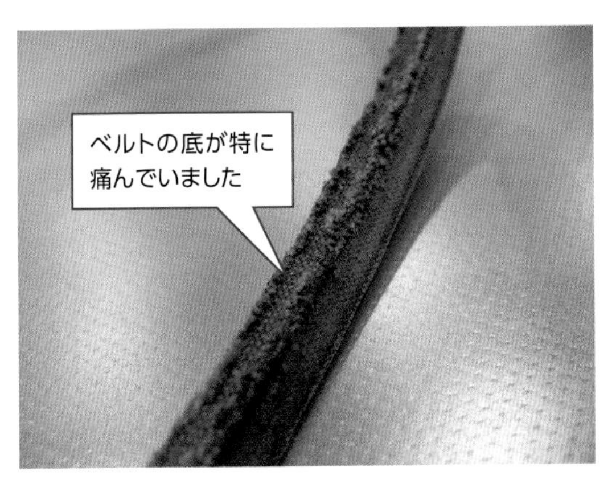

プーリの摩耗による異音

ベルトを交換してもすぐにベルト底部が痛んで外被が剥離した事例です。プーリの摩耗により、ベルトがプーリの底に着いていることが分かりました。原因は、ベルトの張力が不足してベルトから異音が発していたにも関わらず、そのまま使っていたことでした。異音が出ている状態でプーリを使うことはプーリの摩耗につながります。

無理なベルトの交換

4本がけのベルトで1本だけが、ベルトとプーリに接触する片側のみ摩耗していました。確認すると、硬いもので削られた傷が見つかりました。ベルトの交換方法を確認すると、ベルトの張力を緩めず、バールのようなものでこじって外していました。張力を緩めないで外すと、無理な力でプーリが曲げられますので、軸やベアリングが壊れる可能性もあります。

第4章 「空気圧装置」と保全作業

4-1 KIKAI-HOZEN

空気圧装置とは

空気圧装置の役割

空気圧装置は、エアシリンダやエアモーターなどを動かす動力源です。コンプレッサーなどで圧縮空気を作成し、空気タンクにいったん貯めたのち、空気配管を通じて動かします。エアシリンダでは、エアシリンダ内のピストンロットの伸び縮みの方向やピストンが動く速度などを制御します。エアモーターでは、回転方向や回転数を制御します。このほか、圧縮空気の圧力や圧縮空気が流れる流量などを制御して、エアシリンダ、エアモーターなどが作動する構造になっています。

空気圧装置の構成

空気圧装置で、物体をつかむ、物体を移動する、物体を圧着するといった仕事をするのはエアシリンダやエアモーターです。これらをアクチュエーターと呼んでいます。エアシリンダによって製品を垂直に持ち上げたり、水平に移動させたり、製品を圧着したりするためにも使用されています。

アクチュエーターのエアモーターでは、回転部分に刃物やドリルなど組み込んだ、加工を目的とした設備や、回転部分にソケットレンチのソケットやドライバーを組み付けたエアーレンチやエアードライバーなどがあります。また、エアシリンダを利用して圧延ローラーなどを押しつけて製品を圧延する設備、エアシリンダやピストンロットの収縮を利用して衝撃を吸収するダンパーなどがあります。

生産設備にはこのほかにも、エアシリンダやエアモーターを利用しながら本来の機能に付加価値を備える装置も数多くあります。製造設備の中に空気圧装置が構成されている場合には、アクチュエーターの能力を最大限に引き出すように作られています。そのため、アクチュエーターに求められている動作を空気圧回路によって作成し、個々の空気圧機器の性能により実現される仕組みになっています。空気圧装置を構成している空気圧回路の系統図を理解できることが必要です。

テーブルを昇降させるエアシリンダ

エアシリンダはテーブルを昇降させる動作をしています。エアシリンダの動作は早くする必要があるため、エアシリンダに取り付けてある空気圧ホースの直径を大きくして、大量の圧縮空気をエアシリンダに供給する構造になっていました。エアシリンダを取り外す場合には、空気圧配管内の圧縮空気を排出した後に行います。

ソレノイドバルプ

圧縮空気の供給と排気を行うソレノイドバルプの写真です。ソレノイドバルプやエアシリンダに潤滑油を供給するルブリケーターが必要になります。ルブリケーターによって、空気圧機器内で潤滑油が必要な場所に供給されます。タービン油32番が使用されます。

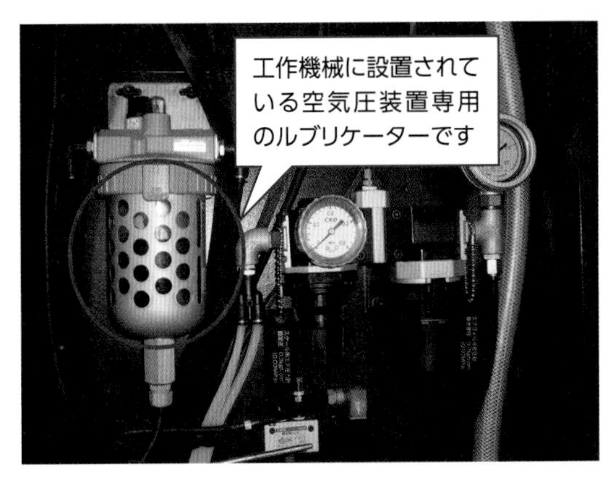

ルブリケーター

ルブリケーターは、シリンダー内部の潤滑をする潤滑油が入っています。潤滑油の量などを確認する必要があります。定期的にオイルの消費量を確認してオイルを補充することで、ルブリケーターの故障を早期に発見できます。

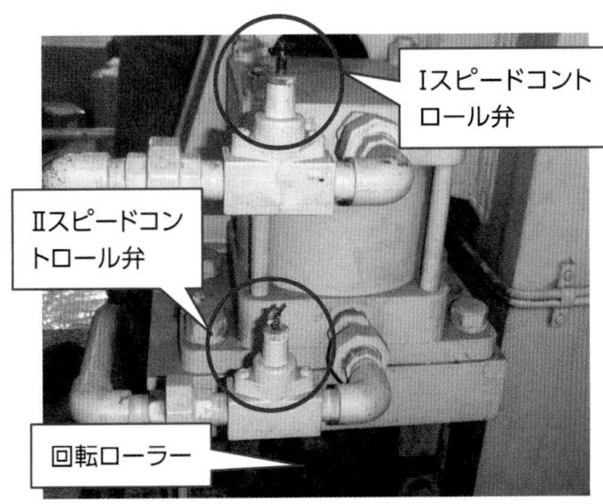

スピードコントロール弁

エアシリンダは、回転ローラーを昇降させる動作と、回転ローラーを回転させて製品の薄板鋼板を送り出す動作をしています。
エアシリンダの昇降速度はスピードコントロール弁で行います。回転ローラーが薄板鋼板を押し付ける力は、圧縮空気の圧力で調整する構造になっています。

圧縮空気の作り方

圧縮空気を作るには、大気中の空気を圧縮する必要があります。空気を圧縮する装置がコンプレッサー（圧縮機）です。コンプレッサーの種類には、レシプロ式・スクリュー式・スクロール式・ブロアー式などがあります。

圧縮空気を作る機器

コンプレッサーの他にも、圧縮空気を作る装置にはいくつかの機器が必要になります。代表的なものはアフタークーラー、エアタンク、フィルター、エアドライヤなどです。

コンプレッサーで大気中の空気を圧縮すると圧縮空気の温度が上昇します。大気中の空気をたんに圧縮するだけでは水蒸気が多く含まれているため、水蒸気を減らす作業が必要になります。

①コンプレッサー：大気中の空気を圧縮します。
②アフタークーラー：圧縮空気を冷却して水蒸気を除湿します。
③エアタンク：圧縮空気を備蓄しています。
④フィルター：圧縮空気に含まれるゴミなどを取り除きます。
⑤エアドライヤ：圧縮空気を冷却して水蒸気を除湿します。

圧縮空気を作る構造について

圧縮空気を作る機器には、図のように二通りの並び方があります。どちらの方法で設置されているか確認する必要があります。①の方法で圧縮空気を製造した場合、エアタンクに保存されている圧縮空気は湿度ほぼ100%です。湿度ほぼ100%の圧縮空気を供給量に応じてエアドライヤを通し、圧縮空気を乾燥させて空気圧装置へ供給されます。圧縮空気の供給と需要のバランスが合わなくなると、エアシリンダなどの空気圧機器の末端で水分が圧縮空気に混じる場合があります。②の方法で圧縮空気を製造した場合、エアタンクには乾燥させた圧縮空気が備蓄されています。

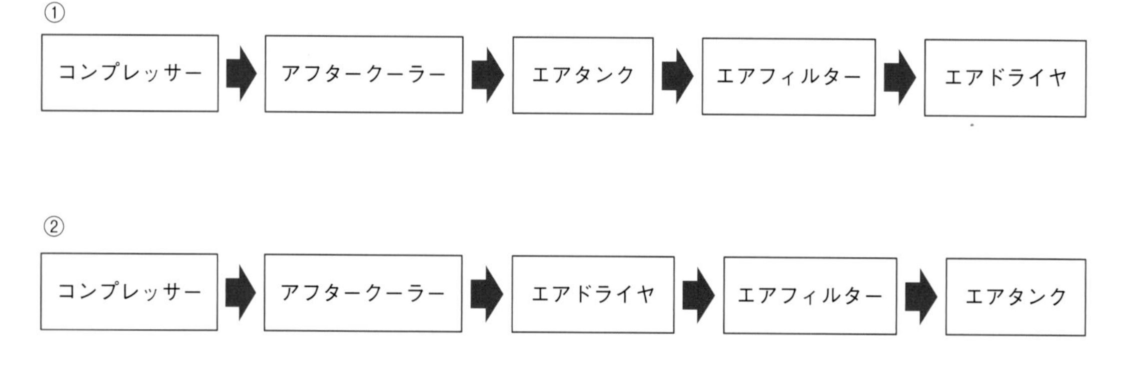

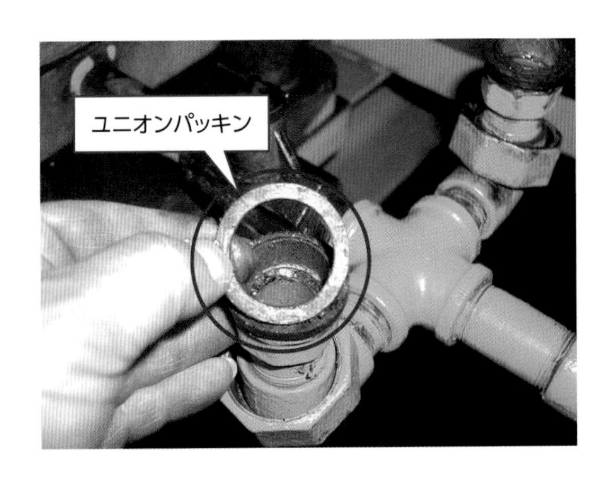

空気圧装置の配管の継手

空気圧配管を接続する場合、ユニオン継手が使われます。ユニオン継手を使うと取り外しするのは便利ですが、パッキンを定期的に交換する必要があります。パッキンが劣化して圧縮空気が漏れている場合、エアシリンダの推力不足やコンプレッサーの損傷につながります。

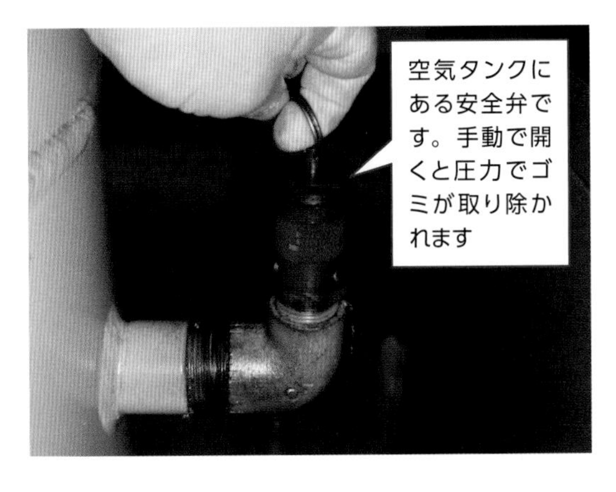

空気タンクの安全弁

圧縮空気の圧力が規定以上に上がった場合に安全弁が開き、圧縮空気の圧力を下げます。空気圧が下がると安全弁が閉じます。

安全弁が正常に開くか、定期的に確認を行います。ゴミなどが堆積すると、規定値以外の圧力で開く場合があります。定期的に安全弁を引っ張ってゴミなどを取り除き、安全弁を規定値の圧力で開弁するようにしています。

ねじ、バネ、弁

安全弁に使われている部品です。空気タンク内の圧縮空気を止める弁のスプリングでできています。スプリングが反発する力を変えることで、圧縮空気圧の圧力に応じて開弁する構造になっています。バネの全長を縮めると、開弁するのに必要な圧力を上げる構造になっています。

コンプレッサーの安全弁

写真は、安全弁が開きっぱなしになり、コンプレッサーが停止してしまっていたときの様子です。安全弁が開いていた原因は、コンプレッサーによって圧縮した空気を冷却する装置の不具合です。圧縮空気の温度が高くなっていたことが原因でした。

エア3点セットのメンテナンス

エア3点セットとは、フィルター、レギュレーター、ルブリケーターの3つを指します。

フィルターでは、空気圧機器に圧縮空気を供給する前にゴミやさび、水分などの除去を再度行います。コンプレッサー側のフィルターで一度除去されていますが、コンプレッサーから空気圧設備までの空気圧配管内にあるゴミやさびを除去します。また、クーラーやドライヤーで除去できなかった水分などを空気圧機器に入れない働きもあります。

レギュレーターは、コンプレッサーから供給された圧縮空気（一次側）と、圧縮空気が使われる空気圧設備（二次側）の圧力と流量調整を行います。レギュレーターは、設備全体に必要な設定圧力を決めます。一部の回路の圧力を低く設定する場合にも用いられます。

ルブリケーターは、潤滑油を霧状にして、空気圧機器へと送ります。潤滑油は空気圧機器のしゅう動面の摩擦低減に用いられています。空気圧機器の中では、エアシリンダ、ソレノイドバルブなどの潤滑に使用されます。ルブリケーターを用いない場合もありますが、その場合は、エアシリンダやソレノイドバルブに入っている潤滑油で潤滑を行います。定期的に潤滑油を補充し、潤滑油が噴霧される量を調整します。

フィルター、ルブリケーターの素材は、ポリカーボネイトやナイロン、金属です。使用環境に応じて材質を選択する必要があります。特にポリカーボネイトで作られたボールは有機溶剤や洗浄剤が付着するとひび割れを起こします。

エア3点セットは、空気圧設備の設定圧力を決める重要な機器です。ほこりなどでフィルターがつまった場合には、エアシリンダなどが正常に作動しない場合もあります。フィルターは、エア3点セットとしてフィルターを用いるほか、精密に作動させたい空気圧機器にごみなどの影響を与えないよう、通常よりも目が細かいフィルターを装着する場合もあります。空気圧機器の中でも、精密レギュレーターなどは質の高い圧縮空気が必要です。

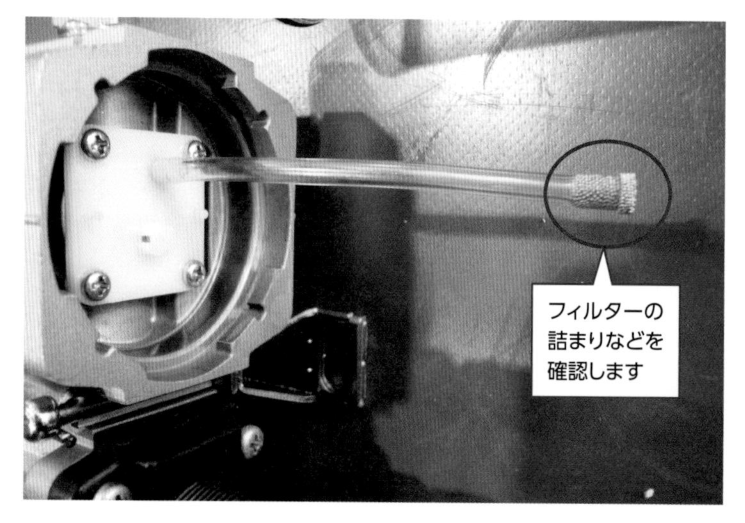

ルブリケーター内部にある、タービン油を吸い込むホースとフィルターの写真です。吸込みホースの損傷やフィルターの詰まりなどを確認します。ホースやフィルターに損傷があると、タービン油の潤滑が必要なところに供給されなくなり、空気圧機器を損傷させる恐れがあります。

フィルターの清掃、交換

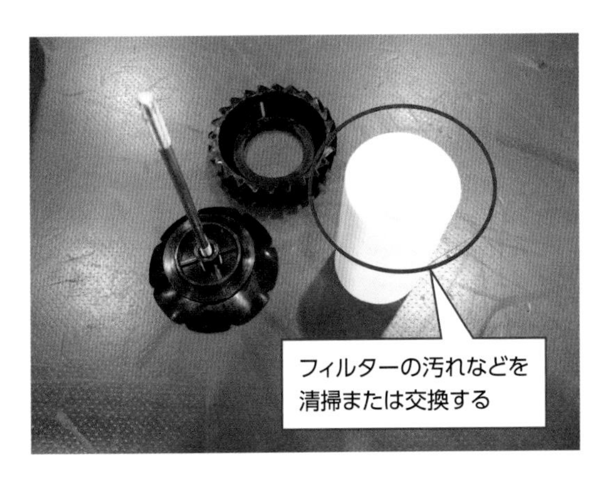

空気圧装置の計画保全のため、エア3点セットのフィルターは定期的な清掃と定期交換を行います。フィルターの外側だけが、ごみなどにより汚れます。フィルターが汚れていた場合には、汚れの色や付着物をよく確認します。

圧力制御弁の下側

圧力制御弁のダイヤフラムを取り除いた下側の写真です。中央の弁から、コンプレッサーの1次圧力の圧縮空気が供給されています。通常、弁から圧縮空気が漏れることはありませんが、弁から圧縮空気が漏れている場合、圧縮空気の漏れを防止するパッキンが劣化して損傷している場合があります。

ルブリケーターのオイル

ルブリケーターへオイルを定期的に補充する必要があります。オイルは、タービン油の粘度32番をよく使います。オイルは使用とともに減少します。オイルが減少していなければルブリケーターの故障か、調整バルプの不備である可能性があります。

故障したルブリケーター

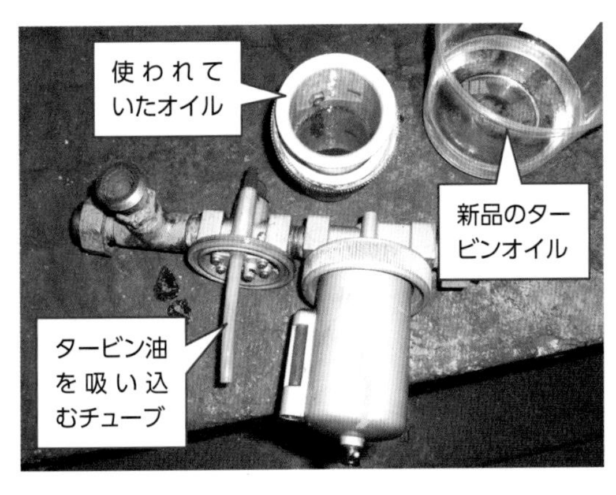

生産設備に設置されていたルブリケーターです。長期間オイルが減少していないことがわかり、取り外して内部を点検したところ、タービン油ではないオイルが使用されていました。正しいオイルよりも粘度が高く、吸い込みチューブからオイルを吸い込むことができなかった状態でした。

エアシリンダのメンテナンス

エアシリンダは、圧縮空気をエアシリンダ内に送り込み、ピストンロットを伸び縮みさせる仕事をします。エアシリンダの内部には、送り込まれた圧縮空気を密封するパッキンなどが数多く使用されています。密封装置を潤滑する潤滑油が必要です。潤滑油には、グリス、オイルが使用されます。エアシリンダを長期間使用している場合、ピストンパッキンやピストンロットパッキンが摩耗して、圧縮空気の漏れにつながりますので、定期的に交換します。

エアシリンダの動作確認

製造設備にエアシリンダが取り付けられている場合、エアシリンダの動作をよく確認しましょう。①クランプ力の力が必要か、②ピストンの始動性はよいか、③ピストンが等速に動作しているかなど、動作中に確認を行います。一緒に取り付ける流量調整弁（スピードコントロール弁）の組み合わせにより、エアシリンダのピストンの動作を変化させられます。流量調整弁には、エアシリンダに入る前に圧縮空気の流量制御を行うメーターインと、エアシリンダから出た圧縮空気の流量制御を行うメーターアウトの2種類があります。

メーターインはピストンの始動性は良いものの、ピストンが末端まで来た直後はクランプ力がなく、エアシリンダに圧縮空気が充填されクランプ力にかわるまで時間が必要になります。圧縮空気がエアシリンダに入る反対側のピストンに背圧がないため、ピストンの始動性はよく、等速に作動します。メーターアウトは、常時ピストンに背圧がかかっているために、ピストンが作動するときの始動性は悪くなります。ピストンの速度はエアシリンダのバランスを取りながら作動しているため、エアシリンダが中央付近を超えると、背圧よりエアシリンダに入る圧縮空気のほうが大きな圧力がかかり、ピストンの速度は加速していきます。

エアシリンダを設備から取り外す場合には、流量制御弁の位置、メーターインかメーターアウトか、エアシリンダのピストンロットが伸びた時に曲がりなどが発生していないか、などを確認して取り外します。ピストンロットが曲がって動作している時には、ピストンロットパッキングが早期に摩耗してしまいます。

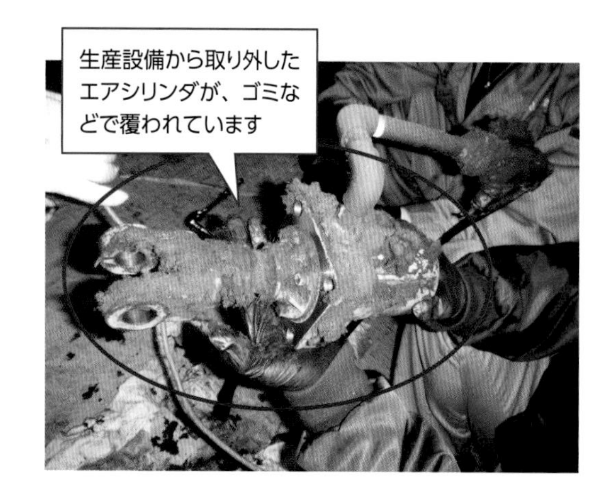

エアシリンダを取り外して分解整備をすることになりました。エアシリンダを分解整備する場合、パッキンなどの消耗部品を用意してから分解整備をします。定期的にエアシリンダの消耗品を交換することでエアシリンダを長期間使用することが可能になります。

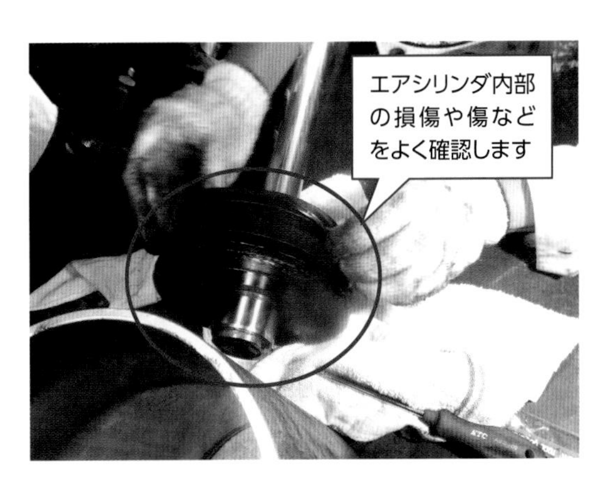

エアシリンダの傷の確認

エアシリンダを分解して、エアシリンダ内部のキズや損傷をよく確認します。特にエアシリンダ内部のゴミやさびなどで、ピストンが作動しにくくなっていないか確認します。エアシリンダ内面に傷があると、圧縮空気の内部リークが発生してしまいます。内部リークが発生しているとエアシリンダの誤作動につながります。

ピストンパッキンの取り付け

ピストンパッキンの摩耗状態を確認するために取り外してよく確認すると、ピストンパッキンがエアシリンダに密着して、圧縮空気を密封する機能がなくなっていました。
圧縮空気が漏れると、ピストンを押す推力が低下します。エアシリンダでもっとも重要なパッキンです。圧縮空気が漏れていると、ピストンが規定の推力に達しないおそれがあります。

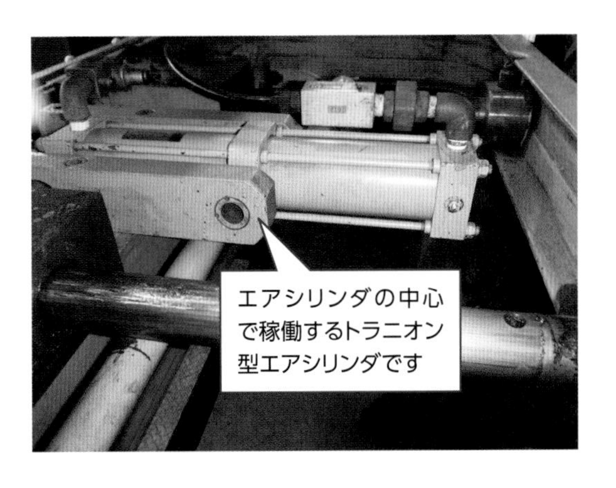

トラニオン型エアシリンダ

トラニオン型エアシリンダは、エアシリンダの中心を支点として稼働する構造です。エアシリンダの端面で支点として稼働するクレビス型もあります。両方とも、エアシリンダが稼働するときにピストンロットに変形する力を与えながら稼働するため、エアシリンダのロットパッキンの摩耗が早くなります。稼働時間に応じて定期的な交換が必要です。

回転ローラーとエアシリンダ

回転ローラーを昇降させるエアシリンダの写真です。エアシリンダを設備から取り外し、ピストンパッキンなどの消耗部品を交換しています。
回転ローラーを昇降させる構造になっているエアシリンダを設置する場合には、エアシリンダの座屈調整をする必要があります。エアシリンダを固定するボルトは、回転ローラーを昇降させながら締めていきます。

エアシリンダの速度調整

空気圧回路には、メーターアウトがよく使われています。しかし、現場の生産設備に使用されている空気圧回路をよく確認すると、メーターインも普通に使われています。エアシリンダなど通常の使用方法ではメーターアウトですが、エアシリンダを特別な動かし方で使いたい場合にはメーターイン回路が使用されています。

メーターインとメータアウト

メーターインは、エアシリンダを等速で動かしたいとき、ソレノイドバルブが方向制御したと同時にエアシリンダを素早く動かしたいときに有利な回路になります。メーターアウトはエアシリンダ内に背圧があるためピストンを作動させる時に抵抗となりますが、メーターイン回路ではエアシリンダ内に背圧が存在しないため、ピストンが作動する時に素早く動くことができます。空気圧回路では、エアシリンダをどのように動かすかでメーターイン、メーターアウトが決められます。

製造現場にあるエアシリンダをメンテナンスする時などは、スピードコントロール弁の接続方法を十分に確認して、エアシリンダに求められる作動方法の両方を確認して取り付けます。接続方法を間違えて、メーターインで接続しなければならないところをメーターアウトで取り付けてしまうことがあります。スピードコントロール弁を間違えて取り付けた場合、製造設備が損傷する可能性があるばかりか、人身事故につながることもあります。

	メーターアウト	メーターイン
スピードの調整	調整しやすい (背圧があるため)	調整しにくい (背圧がないため)
断熱膨張(結露・凍結)	起きにくい	起きやすい
始動時間	背圧があるので始動性が悪い	背圧が無いため早く動きだす
ピストンの速度	加速する	等速で作動する
給気圧力の変動	あまり受けない 給気圧が減ると背圧も減るため、差圧の変動はあまり無く、影響は少ない	受けやすい 流入量が変わり差圧が変わるため、大きな影響を受ける
クランプ力	速い	遅い(圧縮空気が充填する時間が必要)
負荷変動	速度安定性がよい	速度安定性が悪い

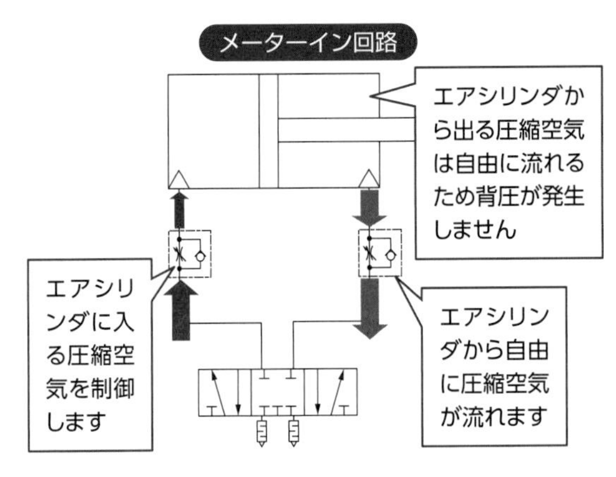

エアシリンダがメーターインの場合

メーターイン回路がある場合、エアシリンダがどのような仕事をしているかを調べます。エアシリンダは、能力を持って作動していることが多いです。

メーターインでは、エアシリンダがメーターアウトより早く始動できます。エアシリンダ内に背圧が発生しないため、背圧がエアシリンダの動作にどのような影響があるかを考えて選択します。

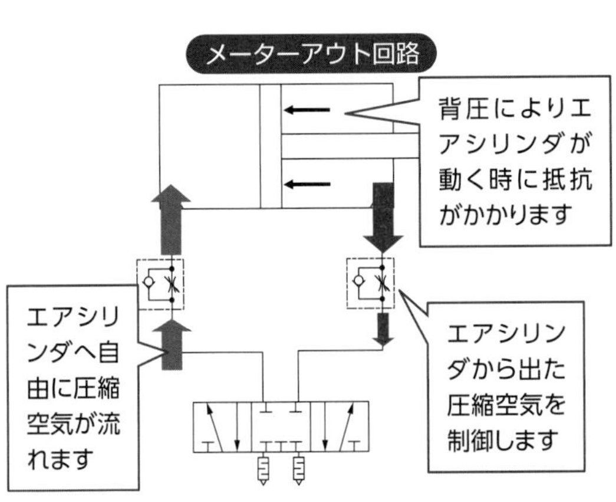

エアシリンダがメーターアウトの場合

メーターアウト回路は、エアシリンダから排出された圧縮空気を流量制御して速度制御をしています。メーターアウトでは背圧の発生によりエアシリンダの速度制御をしています。

メーターアウトで作動している場合、エアシリンダは力仕事をしている場合が多いです。エアシリンダが作動するときの推力などを重視して、エアシリンダのしている仕事を確認します。

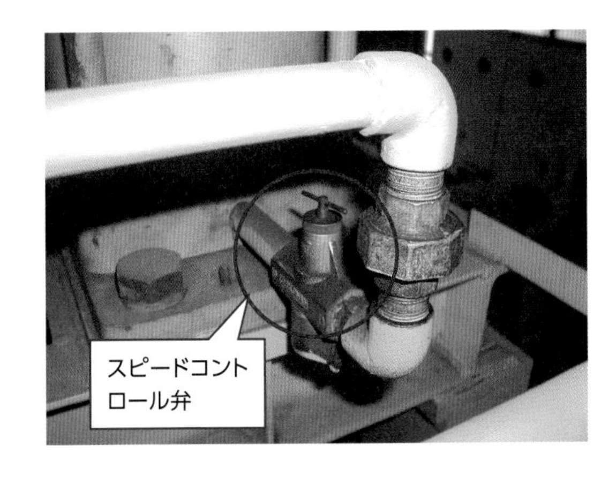

スピードコントロール弁

スピードコントロール弁を調整する場合は、はじめにメーターイン・メーターアウトのどちらに当たるのかを確認します。エアシリンダの動作を確認しながら調整していきます。

複数のスピードコントロール弁

生産設備に複数本のエアシリンダを同調させる場合、すべてのスピードコントロール弁を全閉にしてから、同じ開度にします。エアシリンダを作動させながら同調しているか確認し、すべてのエアシリンダの動作が同じになるように微調整します。その後、全部のスピードコントロール弁の開度を同じだけ回してスピードコントロール弁に流れる圧縮空気の流量を同じにします。

圧力制御弁のメンテナンス

圧力調整法

コンプレッサーで作られた圧縮空気を各空気圧機器に供給するにあたって、圧縮空気圧を調整します。圧縮空気の圧力調整には2種類あります。1次圧制御の圧力制御弁は、コンプレッサーの圧縮空気を減圧して供給されます。2次圧制御の圧力制御弁は空気圧機器、特にエアシリンダやエアモーターに使用される圧縮空気圧を一定圧に保つために使用されています。圧力制御弁が損傷した場合、生産設備が停止したり製造される製品の品質が不安定になったりするおそれがあります。圧力制御弁の定期的なメンテナンスが必要です。

レギュレーターの損傷原因

レギュレーターの損傷原因は、配管内部のさびや腐食によるゴミなどが圧縮空気に混ざり、それがレギュレーターの調整弁などに入ることが挙げられます。また、圧力調整を行うダイヤフラムが、経年劣化などでひび割れを発生し圧力が調整できなくなってしまうこともあります。オゾンガスが圧縮空気に混入している場合には、ダイヤフラムを含む空気圧装置全体のOリングやパッキンなど、ゴム部品全体を劣化させてしまいます。オゾンガスは静電気除去装置や脱臭装置などから発生しますので、その付近の部品はオゾンクラックを起こす場合があります。ゴム部品がオゾンクラックを起こさないように、水素を添加したH－NBRやフッ素ゴムに変更することも必要です。

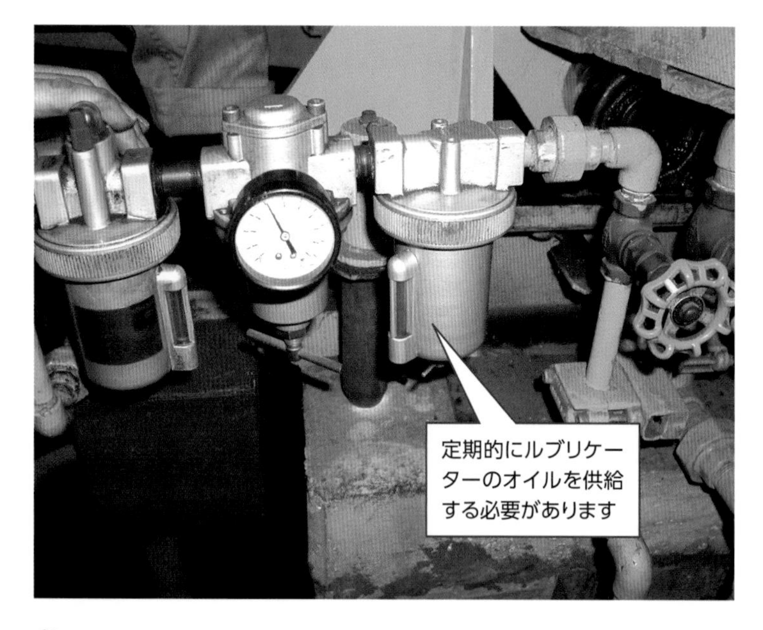

右からフィルター、レギュレーター、ルブリケーターです。各生産設備のどこに設置されているかなど把握しておくことが必要です。特にルブリケーターから供給されるタービンオイルが供給されなくなると、エアシリンダなどが潤滑不足で損傷してしまうおそれがあります。

フィルター

圧縮空気はフィルターの外から中に向かって通ります。そのため、フィルターの外側が汚れる仕組みになっています。固形物が多くフィルター表面に付着している場合、コンプレッサー側や配管などに不具合があることがあります。フィルターが完全に目詰まりすると、圧縮空気は流れなくなります。

ダイヤフラムのクラック

空気圧装置の寿命が短い場合、レギュレーターなどのダイヤフラムなどの弾性シールにクラックが入り、調圧不良になることがあります。コンプレッサーの空気取り入れ口付近にオゾンを発生する装置があり、このオゾンを吸い込んで、圧縮空気にしたせいだと思われます。

ダイヤフラムの確認

レギュレーターのダイヤフラムは圧力を調整するための重要な部品です。ダイヤフラム内で圧縮空気を一定に保つ構造になっているため、ダイヤフラム内から圧縮空気が漏れないように密封されています。

▶ 圧縮空気を作りだすコンプレッサーの損傷原因

コンプレッサーの潤滑油などを長期間無交換で使用していた場合や潤滑油の量が少ないまま使用していた場合など、金属部品などがかじってコンプレッサーの損傷につながる場合があります。コンプレッサーを駆動する電動機がVベルトなどで駆動されている場合、Vベルトがスリップし、過熱して火災事故につながる場合もあります。Vベルトの異音が発生している場合には、早めにVベルトの調整・交換が必要です。

空気圧装置とリニアガイドの組み合わせ

リニアガイド

生産設備では、空気圧装置とリニアガイドなどを組み合わせて稼働していることが少なくありません。エアシリンダは圧縮空気の力でピストンが稼働しますが、水平・垂直を保ちながら稼働するためには、ガイドなどが必要になります。ガイドなどがない場合、ピストンロットが稼働中に回転しながら動作します。

エアシリンダを精度よく稼働させるために、リニアガイドが取り付けられている場合があります。リニアガイドには、工作機械・精密機器などに用いられる予圧保証品（かならず2本1組で使用されます）と、一般産業機械などに用いられるランダムマッチング品（ベアリングとレールが別に組まれます）の2種類があります。

予圧保証品は2本1組で組み合わされますが、レールとベアリングの交換ができません。ベアリングがレールに絶えず予圧をかけ、レールとベアリングのすき間を限りなくゼロにしています。ベアリングの転動体の精度は、P3、P4、P5、P6、PN級で組まれています。そのため、基準レールと調整レールがあり、基準レールを設備に取り付けた後、調整レールを基準レールに対して平行に組み付けることで水平・垂直が出るように調整します。リニアガイドのレールを設備にボルトで取り付ける場合、対角線上にボルトを締結するのではなく一方向から順番に規定トルクで締結していきます。もしレールの真ん中から外側に向けて対角線上にボルトを締結すると、レールがS字に曲がってしまう恐れがあります。

ランダムマッチング品は、レールとベアリングが別々に組み込まれ、ベアリングだけ交換が可能なリニアガイドです。一般産業機械などに使われています。転動体（ボール）の精度はPN（並級）でレールとベアリングには予圧がなく、逆にすき間（約15μm程度）があるものもあります。

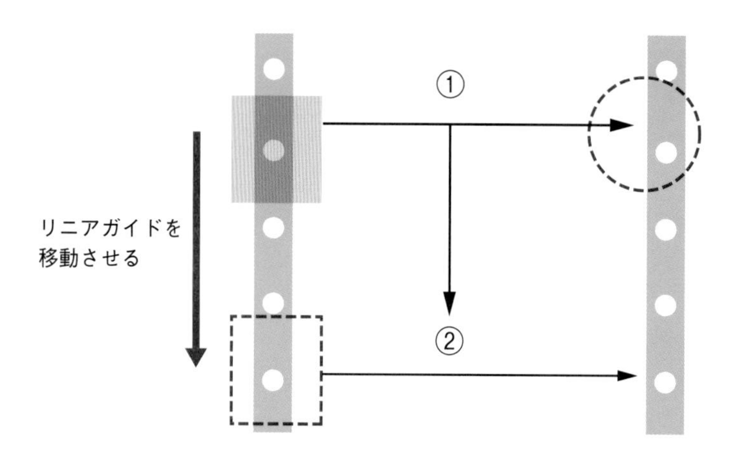

リニアガイドにテコ式のダイヤルゲージを組み付け、①から②へ移動した場合にリニアガイドのレールの平行が出ているかを確認します。

リニアガイドの平行の重要性

リニアガイドは軸受の一種で、空気圧シリンダーやボールねじと組み合わせて使用されます。リニアガイドの平行を調整することが必要です。平行でないままリニアガイドを稼働させていると、レールやリニアガイドのボールを損傷してしまいます。損傷が進行すると内部のボールが外に出てしまう場合があります。リニアガイドには、定期的にグリスの補給が必要です。

レールの溝を基準面に合わせて設置します。また、レールとベアリングの位置を合わせます

レールの取り付け基準

レールの裏側にある溝を基準面側に合わせます。この溝のことを線引きマークと呼びます。ベアリング側にも同じ線がありますので、レールとベアリングの線引きマークを一緒にする必要があります。

ボルトの締結順

基準となるところから順番にボルトを締結します。たとえば、奥側を基準とした場合、奥側から手前にかけてボルトを締結していきます。ボルトを対角に締結するとレールがS字に変形してしまいます。かならず基準側から順番にボルトを締めていくと同時に、レールのひずみを一方向に逃がしながら締結することが必要です。

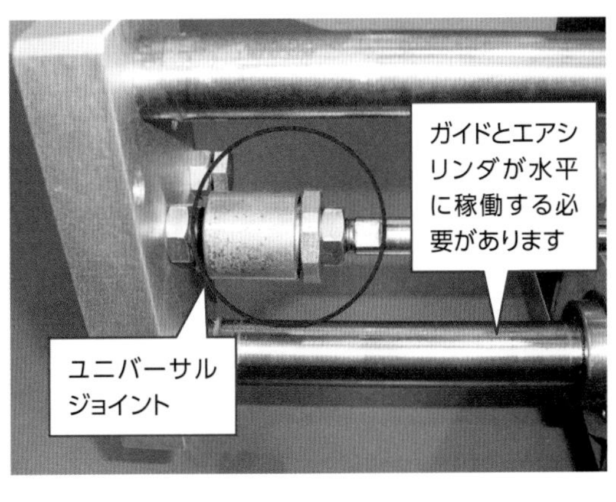

エアシリンダの稼働

エアシリンダが稼働する場合、エアシリンダが回転しないようにガイドが取り付けられています。ガイドがある場合、エアシリンダが座屈しないように、エアシリンダロットとガイドが水平に稼働する必要があります。エアシリンダロットの先端にユニバーサルジョイントが取り付けてある場合、ある程度は座屈を調整できます。

第5章 「油圧装置」と保全作業

5-1 KIKAI-HOZEN

油圧装置とは

油圧装置の仕組みとパーツ

油圧装置は、高荷重を発生させる装置や重量物を昇降させるリフトなどに使われています。空気圧装置と違い、油圧作動油は非圧縮性の液体です。そのため、小さな力で高荷重の仕事をする構造になっています。油圧装置は、油圧発生装置（油圧ポンプ)、油圧制御装置（リリーフ弁、減圧弁、流量制御弁など)、油圧駆動装置（油圧シリンダー、油圧モータ)、油圧配管、油圧タンクなどに分けられます。

油圧発生装置には油圧ポンプがあり、油圧ポンプの種類として、ピストンポンプ、ベーンポンプ、ギヤポンプなどがあります。圧力や流量が必要な時はピストンポンプが選択されます。しかし、ピストンポンプは油圧作動油の汚染などに非常に弱いため、油圧作動油の管理に注意が必要です。

ベーンポンプは同心で回転する複数枚の板状のベーンによって、ベーンとベーンの間の油圧作動油を圧送する構造になります。高圧力を発生するには不向きですが、ベーンポンプ自体の圧力が上昇した時にはベーンを押し下げ、リリーフ機能を持った油圧ポンプになります。

ギヤポンプは2つのギヤが回りながら、ギヤが組み込まれているケーシングとギヤの歯と歯の空間にある油圧作動油を圧送する構造になっています。ギヤの外側で油圧作動油を圧送する構造を外接型ギヤポンプと呼びます。生産設備では通常外接型ギヤポンプが使用されています。ギヤポンプは油圧作動油の汚染に対して非常に強いため、屋外や油圧作動油が汚れやすい環境で使用されています。

油圧ポンプで加圧された作動油がリリーフ弁で圧力調整されたあと、各部の油圧シリンダや油圧モーターなどに供給され稼働する構造になっています。受圧面積×油圧の圧力で油圧シリンダの昇降能力が決まります。

油圧回路図

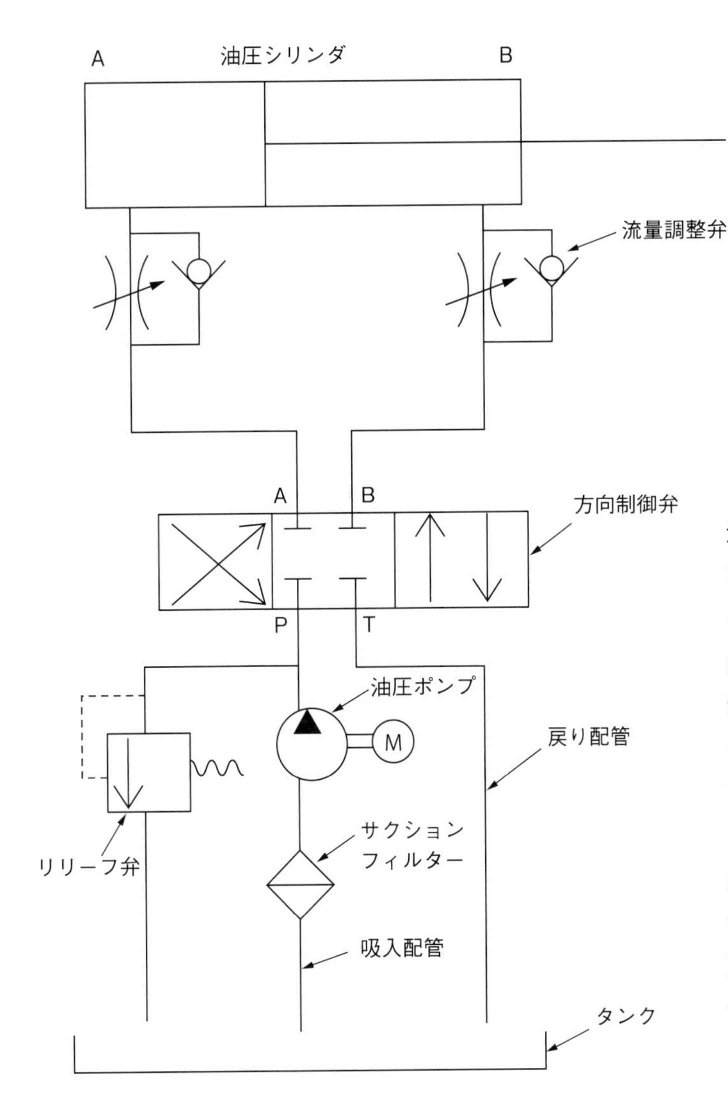

油圧ポンプから圧送された作動油はリリーフ弁で設定圧力に調整され、作動油はPポートの方向制御弁に圧送されます。方向制御弁で油圧シリンダのA側とB側に振り分けて作動油を供給・排出します。油圧シリンダのA側に作動油を供給すると、B側から作動油を排出するときに流量制御弁で流量制御され、油圧シリンダの速度調整をしています。流量制御された作動油は方向制御弁のTポートからタンクに戻る仕組みになります。

▶ 油圧作動油の残圧に注意

油圧装置は、油圧作動油の力で重量物を持ち上げるなどの仕事をします。そのため、高圧のオイルが油圧シリンダに接続されている配管を通ります。油圧作動油には残圧があるため、配管などを取り外す時には、必ず残圧が完全にない状態で作業をする必要があります。油圧配管や油圧シリンダ内に残圧がある状態で取り外した場合、油圧作動油が非常に強い圧力で噴出します。噴出した油圧作動油が人体にかかると、皮膚内に入りこむ恐れがあり大変危険です。また、噴出したオイルで手や指の切断する場合もありますので、残圧を完全になくした状態で作業を行うことが必要です。

油圧装置の構成

油圧発生装置の種類

油圧発生装置（油圧ポンプ）は、油圧作動油に圧力を加えながら圧送します。油圧ポンプには、ピストンポンプ、ベーンポンプ、ギヤポンプが生産設備に使用されています。ピストンポンプは吐出量が多いため、1台のポンプで多くの油圧シリンダを稼働させる能力があります。ギヤポンプは吐出量がピストンポンプに比べて少なく、ベーンポンプの吐出量はピストンポンプとギヤポンプの中間です。ベーンポンプは、吐出圧力を一定にしたい場合に用いられます。

油圧制御機器の種類

油圧制御機器には、圧力制御装置、方向制御装置、流量制御装置などがあります。特に油圧制御装置には、オリフィス、チョークを利用している装置が数多くあります。オリフィスは配管の一部を絞った状態で、オリフィスの中を油圧作動油が流れると、油圧作動油の圧力が変化せずに流量を変化させられます。オリフィスは、油圧作動油の粘度の変化に関係なく流量制御ができるため、油圧作動油の流量を制御する流量制御弁に使用されています。

チョークはオリフィスよりも絞りの長さが長い（10mm前後）ものです。油圧作動油がチョークを通ると、入るときに圧力が上がり、出るときに下がります。油圧作動油の粘度・温度によっても圧力の変化があります。チョークの中を油圧作動油が流れない状態であれば、圧力差は発生しません。

油圧機器には、チョークとオリフィスの構造を利用したものが数多くあります。チョークは圧力制御弁（リリーフバルブ）、オリフィスは油圧作動油の流量制御弁に利用されています。

方向制御弁の種類

方向制御弁は油圧複動シリンダの作動に用いられます。油圧シリンダの片方に油圧作動油を送油し、油圧シリンダ内にある油圧作動油をタンクに戻す制御を行っています。内部の通路には空気圧装置のソレノイドバルブと同様のスプールが入っており、ソレノイドと油圧の力でスプールを作動させます。方向制御弁は油圧シリンダを作動させる油圧作動油の方向を制御する制御弁になります。

方向制御弁は、油圧シリンダの動かし方によって選ぶ必要があります。方向制御弁の種類にはオールクローズ型、アンローダー型、ABR接続型などがあります。オールクローズ型は、方向制御弁の中立状態ではすべての弁が閉じた状態になります。油圧シリンダが作動させる通常の方向制御弁の使い方です。油圧ポンプから圧送された油圧作動油は方向制御弁で止める状態になっていますので、電動機は油圧ポンプを作動させるために常時負荷をかけながら回転をしています。

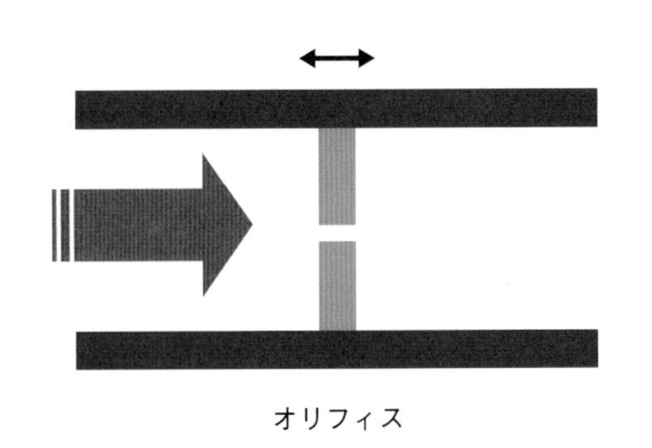
オリフィス

オリフィスの構造

油圧作動油が流れる配管内で、一部が絞られた状態になっています。絞られた長さが短いほうがオリフィスです。オリフィスでは、油圧作動油の粘度や温度に影響されることなく油圧作動油の流量制御が行われます。オリフィスは主に流量制御弁に使用されています。

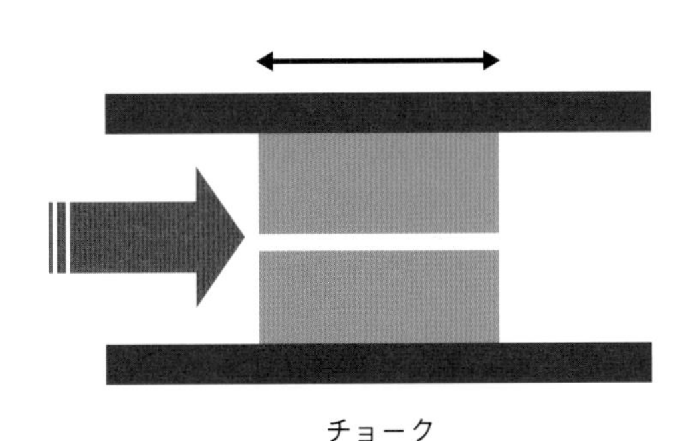
チョーク

チョークの構造

オリフィスよりも絞られた長さが長いのがチョークです。チョークはオリフィスと違い、油圧作動油の粘度や温度に影響されます。油圧作動油がチョークに流れると圧力差が生じます。チョークから出た油圧作動油は圧力が下がります。チョークは主に圧力制御装置に使用されています。

油圧装置の構成　自重を保持する回路

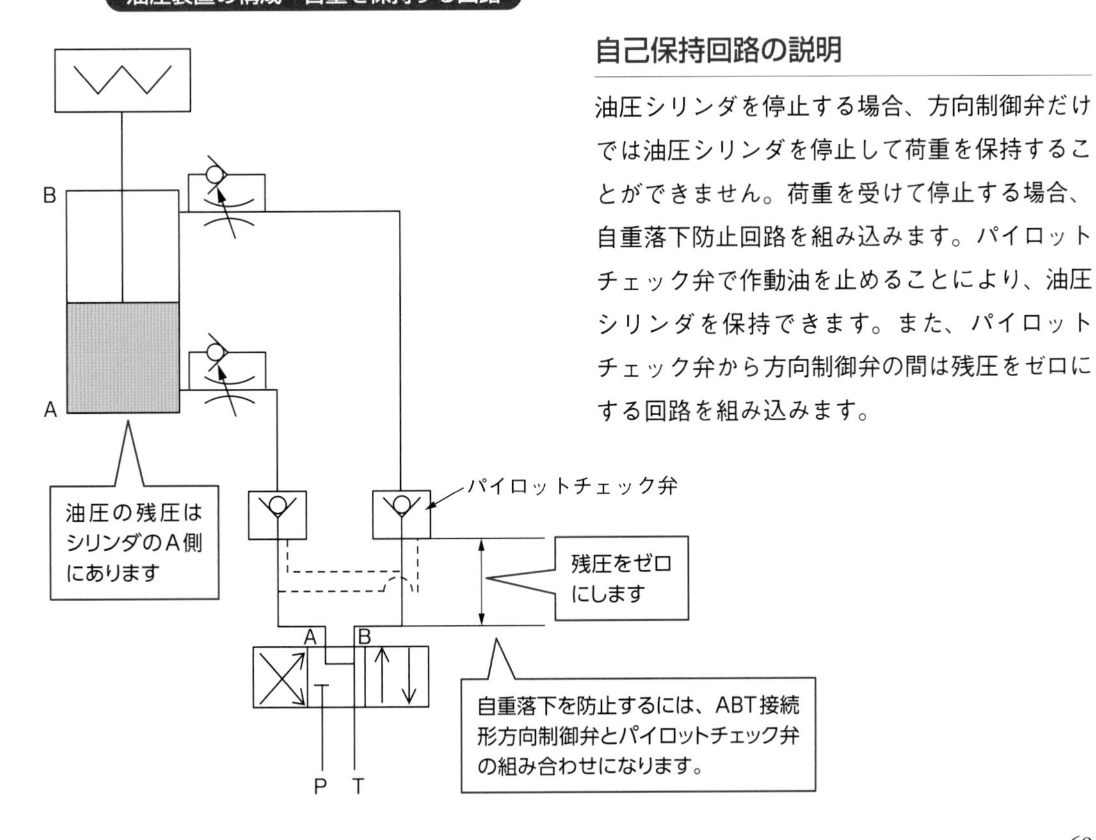

自己保持回路の説明

油圧シリンダを停止する場合、方向制御弁だけでは油圧シリンダを停止して荷重を保持することができません。荷重を受けて停止する場合、自重落下防止回路を組み込みます。パイロットチェック弁で作動油を止めることにより、油圧シリンダを保持できます。また、パイロットチェック弁から方向制御弁の間は残圧をゼロにする回路を組み込みます。

油圧装置の各部メンテナンス

油圧装置の計画保全

油圧装置の計画保全を行うためには、油圧装置を構成する油圧機器について理解する必要があります。油圧シリンダや油圧ポンプなどに不具合が発生すると、性能にすぐに影響が発生します。これらの機器は稼働時間に応じて、ピストンパッキンやオイルシールなどの定期交換が必要です。また、油圧作動油はもっとも重要な消耗品で、定期的な交換が必要です。

自動車では、タイヤの向きを変えるパワーステアリング装置など、重要な部分に油圧装置が使われています。パワーステアリング装置に使われているベーンポンプや油圧ピストンなどは、7年または8万キロ走行を目安として分解整備を行います。分解整備ではOリングやオイルシールなどの消耗部品の交換が中心です。ピストンロッドの傷や曲がりなどがないかを点検し、部品の洗浄後に新品のOリングやピストンパッキン、オイルシールなどを専用の油圧作動油を塗りながら組み付けます。消耗部品を定期的に交換することで、部品寿命を延ばすことができます。

自動車の油圧装置について計画保全を行う場合、各部品の機能、必要な消耗品の数、分解方法や組立後の検査方法などを把握しておく必要があります。自動車を生産設備の油圧装置に置き換えても同じです。自社の油圧装置回路の系統図などがすべて頭の中に入っていると、油圧装置を定期的にメンテナンスする方法が分かります。

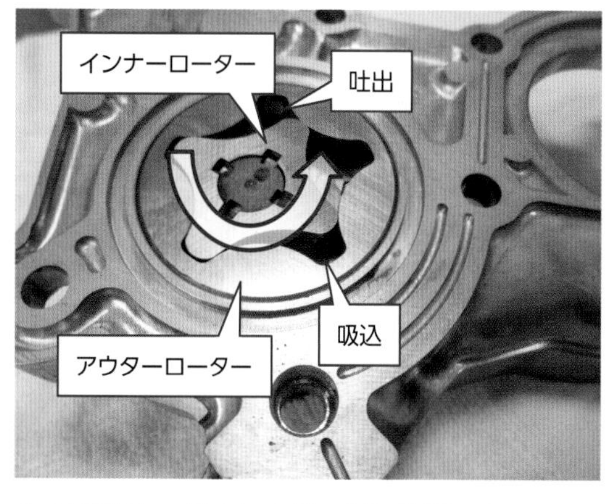

左の写真は、ダイヤルゲージに専用アタッチメントを付けて油圧ポンプの摺動部分の摩耗を点検しているときの写真です。摺動部分にガタがあると、油圧の圧力が低下してしまいます。右の写真はオートマチックトランスミッションの油圧作動油を圧送する油圧ポンプです。内側の歯車が反時計回りに回転すると、外側の歯車も一緒に反時計まわりに回転します。2つの歯車が接するクレセント（三日月状）の部分と歯車のすき間で、油圧作動油の吸い込みと圧送を行います。

ギヤポンプの傷の確認

ギヤポンプでは、ギヤが高圧側から低圧側に押されて常に回転しています。そのため、ギヤポンプを分解した時に低圧側の傷などを確認します。通常であれば、ギヤとケーシングは接触しません。しかし、油圧作動油の汚染やブッシュの摩耗があると、ギヤとケーシングが接触してしまいます。

ギヤとケーシングの接触

ギヤポンプを分解して確認すると、ギヤとケーシングが接触している箇所がありました。低圧側のケーシングが接触している場合、ギヤのすべり軸受のブッシュも同様に低圧側だけ先に摩耗してしまいます。ギヤがケーシングに接触する前にブッシュだけ交換することができれば、ギヤポンプの寿命は長くなります。

油圧作動油の漏れ

油圧シリンダの表面をよく確認すると、油圧作動油が漏れている跡がありました。油圧シリンダなどから油圧作動油が漏れていると、油圧シリンダの誤作動につながります。油圧シリンダに限らず、積層弁から油圧作動油が漏れていることは、装置の誤作動だけでなく大事故につながる恐れがあります。

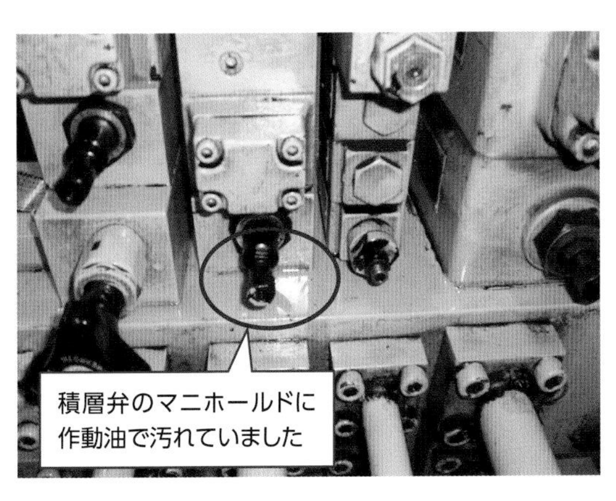

マニホールドでの油漏れ

積層弁のマニホールドが油圧作動油で汚れていました。積層弁から油圧作動油が漏れている場合、油圧シリンダの誤作動につながります。油圧機器では、油圧作動油が漏れないようにOリングを使って密封をしています。Oリングが劣化している場合に漏れが発生するため、定期的にOリングを交換する必要があります。

油圧シリンダの構造

油圧シリンダの保全では、①分解整備、②設置時のエア抜き作業、③クッションバルブの調整という3つの手順が必要です。

油圧シリンダの分解整備

油圧シリンダから、油圧作動油の漏れがあるかどうかを確認します。パッキンが劣化すると、油圧作動油の漏れやピストンの動作に影響があります。パッキンの交換時には、傷をつけないことが求められます。傷がつくと油圧作動油の漏れや動作不良を引き起こす可能性があります。交換時には、油圧作動油を塗りながら取り付けることで傷を防ぐことができます。

設置時のエア抜き作業

油圧配管には多量の空気が含まれているため、油圧シリンダの取り付けにあたってはエア抜きが必要です。エア抜きでは、油圧ポンプを動かしながらバルブを開いて空気を排出します。高圧の油圧作動油が皮膚に直接触れると危険なため、バルブを開く際は、油圧作動油の飛散方向と圧力を注意深く確認します。エア抜きバルブは1回転以上開けないことが重要です。油圧シリンダは残圧があるため、バルブは下向き、もしくは安全な方向に設置します。取り付け後はピストンロットが正確な位置にあるか確認し、ねじれや曲がりを避けるための調整を行います。

クッションバルブの調整

クッションバルブの調整は、油圧シリンダが末端で停止する際の衝撃を緩和するために行います。調整時には、クッションバルブを締め、油圧シリンダの荷重を確認しながらゆっくりと緩めます。高荷重の場合、バルブを開けすぎるとヘッド部分にダメージを与える恐れがあるため、荷重を見ながら慎重に調整します。

クッションバルブは、油圧シリンダが末端で停止するときに、ピストンのスピードを減速させて油圧シリンダのヘッド部分にかかる衝撃を減らすためにあります。
エア抜きバルブは、油圧シリンダなどを取り外した場合、油圧シリンダ内の空気を抜くためにあります。抜く場合は、油圧シリンダを作動させながらエア抜きバルブを少し緩めます。

油圧シリンダの損傷

油圧シリンダのクッションが作動しなくなっていました。分解して内部を確認すると、シリンダヘッド部分のクッション機能が作動する部分が損傷していました。ヘッド部分に摩耗があり、油圧シリンダが末端で停止するとき、金属をたたく音がしていました。これは、油圧シリンダが減速しながら停止することができず、ピストンとヘッド部がぶつかっている音でした。

クッションバルブの構造

油圧シリンダのピストンが末端部分で停止するときに、クッションバルブから流れる油圧作動油の流量を調整して、油圧シリンダが末端で停止する速度を調整する構造になっています。油圧シリンダが稼働するときの速度調整は、流量調整弁で行います。油圧シリンダの末端で停止させる機能は、クッションバルブの調整で行います。

ピストンシール装着のための工具

車両に使用されている油圧シリンダのピストンに、ピストンシールを装着するときに使用される専用工具です。ピストンシールを交換する際には、ピストンシール自体に傷や亀裂などを付けてはいけません。

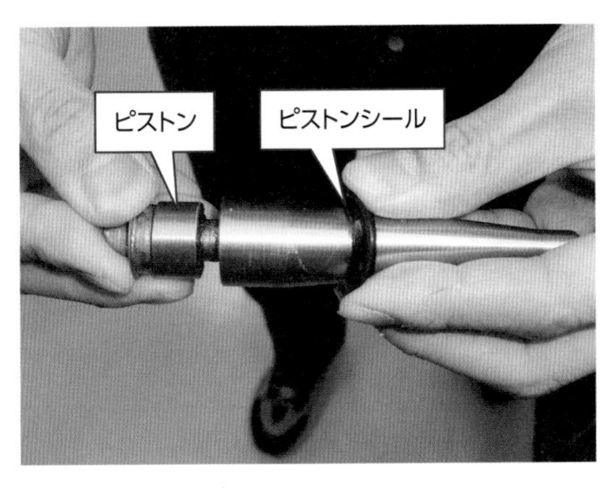

工具の使用例

ピストンシールをピストンに入れる専用工具を使って、ブレーキのピストンに入れています。ピストンシールに傷などを付けることがないよう、ピストンに装着する必要があります。ピストンシールに傷が付くと、油圧作動油が内部で漏れることにつながります。

油圧装置の圧力調整

油圧を調整する弁

油圧ポンプで加圧された油圧作動油は、リリーフ弁と減圧弁で圧力を調整し、各油圧シリンダへ供給されて稼働します。

リリーフ弁は設定圧力に油圧を調整し、その油圧作動油を各部に供給します。リリーフ弁は、バランスピストン形リリーフ弁と直動形リリーフ弁に分けられます。バランスピストン形リリーフ弁は、生産設備の大型シリンダなど、大容量の油圧作動油の圧力を調整する場合に使用します。直動形リリーフ弁は、少量の油圧作動油の流量を制御する場合や、圧力上昇が瞬時に起こることを予防したい場合に使用されます。特に油圧シリンダの荷重を一定の位置に保持するときに使用されています。

減圧弁は、油圧シリンダや油圧モーター設定された必要な推力に合わせて油圧作動油を供給します。リリーフ弁で調整された油圧作動油の圧力を一部の油圧回路だけ減圧し、油圧シリンダや油圧モーターに適切な推力で供給します。

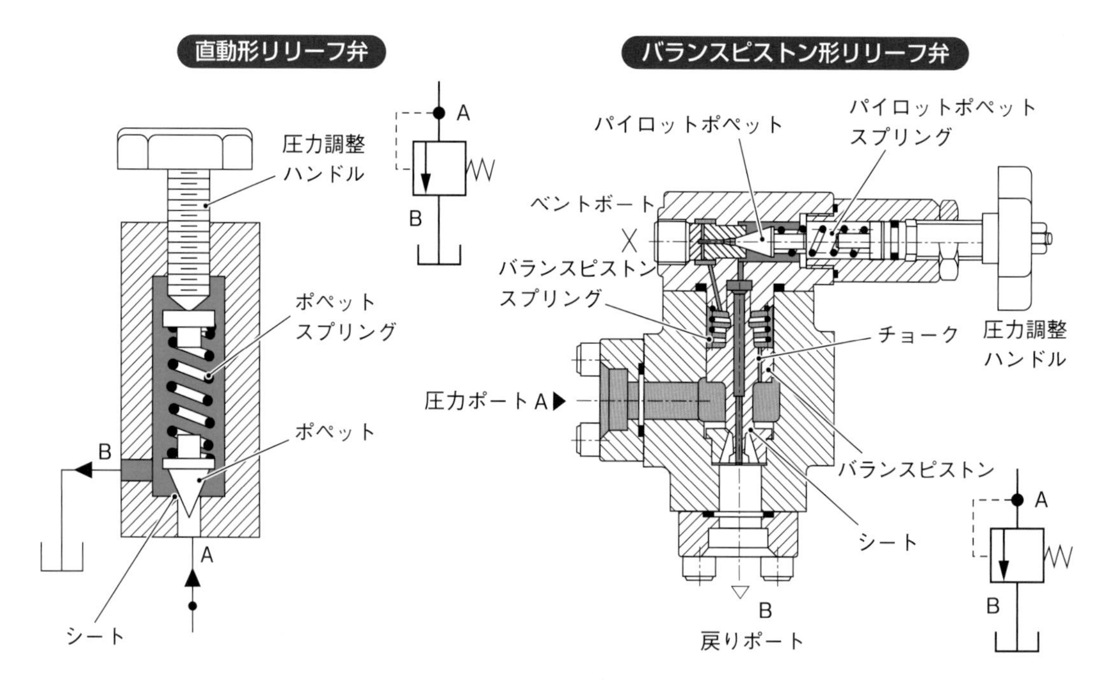

直動形リリーフ弁は、油圧作動油の圧力とスプリングの力で均衡を取りながら圧力調整をしています。通常、ポペットがスプリングの力でシートに押し付けられています。ポペットにかかる圧力がスプリングを押す力を超えると、油圧作動油がタンクに流れます。バランスピストン形リリーフ弁は、加圧された油圧作動油とパイロットポペットの圧力で均衡を保っています。油圧の圧力が高くなり、パイロットポペットから油圧作動油がタンクに流れると、バランスピストンにあるチョークが圧力差によって持ち上がり、大量の油圧作動油がタンクに流れて圧力を減圧させます。

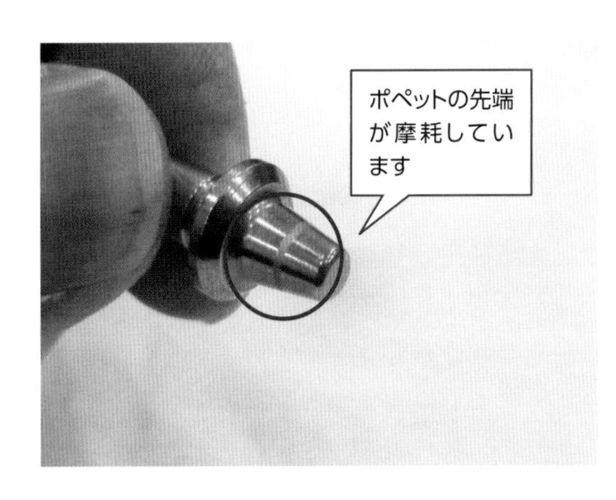

ポペットの摩耗

ある設備の減圧弁で、圧力が上昇しない状態になっていました。減圧弁を分解して圧力が上昇しない原因を確認すると、圧力を制御するのに重要なポペットに摩耗が確認されました。摩耗によって内部リークを起こし、圧力が上昇しない不具合を起こしていました。

スプールの稼働確認

減圧弁の主スプールが、摺動の抵抗がなくスムーズに稼働するか確認をしています。主スプールがスムーズに作動しないと、減圧弁の圧力制御に誤作動などが起こります。圧力の誤作動によって、上昇した圧力が減圧できなかったり、設定したい圧力に設定できなかったりします。

スプールの整備

減圧弁の主スプールのチョークにゴミなどが詰まっていないかよく確認します。チョークに詰まりがあると、減圧弁の圧力上昇に誤作動が発生します。よくある誤作動として、油圧ポンプが稼働しているのに圧力がほとんどゼロになっているという状態になります。

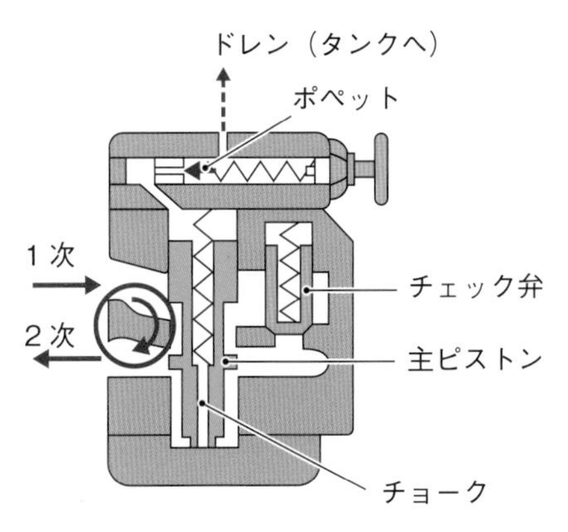

減圧弁

主ピストンはバネの力で押し付けられ、主ピストンとボディの隙間から油圧作動油が流れます。2次側の油圧作動油は主ピストンのチョークを通ります。2次側圧力が設定以上になるとポペットが押され、2次側の油圧作動油がタンクへ流れます。圧力差で主ピストンが上側へ移動するため、2次側の流量が絞られます。

油圧シリンダの速度調整

油圧シリンダの速度調整は、油圧シリンダに供給する油圧作動油の流量を調整することで行っています。油圧作動油を流量調整する場合、流れる面積を絞ることで流量を調整すると油圧作動油の温度が上昇してしまいます。油圧作動油の温度が変化すると油圧作動油の粘度が変化してしまいます。油圧作動油の粘度が変化した場合、流量調整弁に流れる流量が変化してしまい流量を一定にできなくなります。

流量調整弁には、油圧作動油の温度変化や圧力変化をしても一定流量を調整する流量調整弁もあります。温度変化がある場合に流量を一定にする温度補償付き流量調整弁を使用します。圧力変化がある場合に流量調整を一定にする圧力補償付き流量調整弁を使用します。

ある会社で油圧シリンダの速度が一定にならずに、高荷重がかかった状態で油圧シリンダを昇降させるとカクカク降下していました。油圧シリンダを稼働させる積層弁を確認したところ、油圧作動油が漏れている箇所が確認できました。漏れが発生していた油圧機器はパイロットチェック弁でした。積層弁のパイロットチェック弁自体から油圧作動油が漏れていることがわかりました。

油圧シリンダに荷重がかかっているため、油圧回路内には残圧が残っています。パイロットチェック弁から油圧作動油が漏れている箇所を分解して確認をしました。作動油が漏れている場合、油圧シリンダの誤作動につながります。

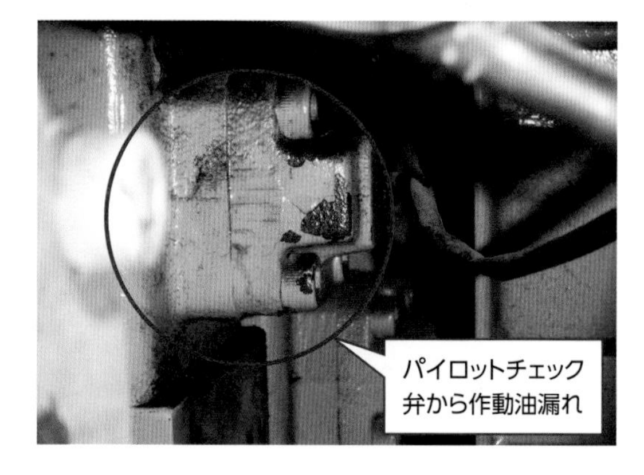

パイロットチェック弁から作動油が漏れている原因は、Oリングが切れていたことでした。このような場合、Oリングが劣化した原因を考えることが重要です。

原因の多くは、油圧作動油の温度が高すぎることです。油圧作動油が高温になる原因として、オイルクーラーの故障や容量不足、油圧作動油の不足、油圧回路内の内部リークなどが考えられます。

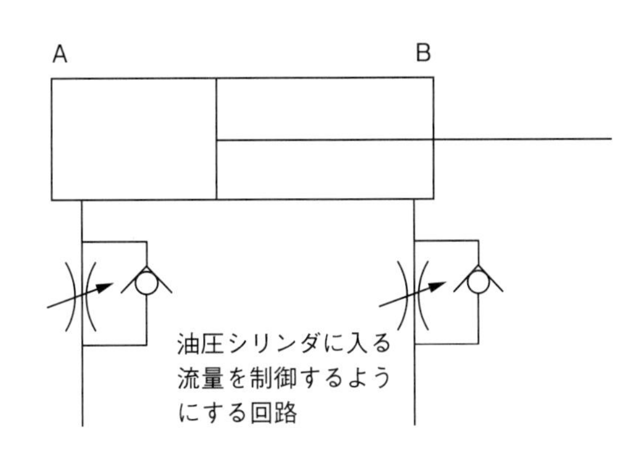

メーターイン

メーターイン回路は、油圧シリンダに油圧作動油が供給する前に流量制御して油圧シリンダを稼働させる回路になります。メーターイン回路は、油圧シリンダにショックが少なく動作精度が高い箇所に使用されます。油圧シリンダが平行移動する場合は制御できますが、油圧シリンダが垂直移動する場合は、油圧シリンダを下げる場合に対して速度制御はできなくなります。

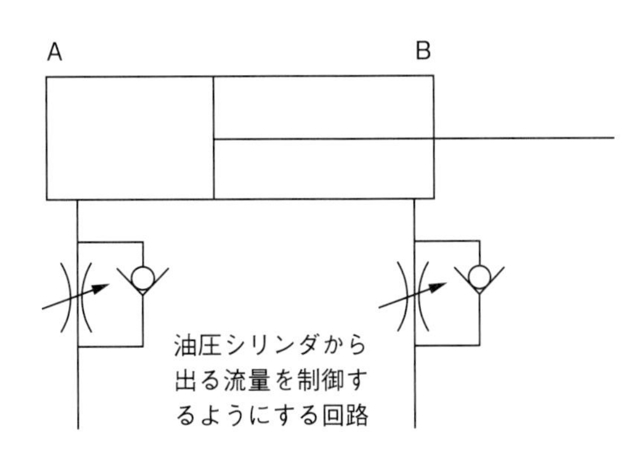

メーターアウト

メーターアウト回路は、油圧シリンダから排出された作動油を流量制御して油圧シリンダを速度制御する回路になります。油圧シリンダの戻り側からメーターアウト流量制御弁間の圧力は、油圧ポンプの設定圧力より高圧になる場合があり注意が必要です。通常、高負荷がかかる、昇降するリフトなどの油圧シリンダに使用されています。

油圧シリンダの積層弁

油圧シリンダが作動する場合、油圧シリンダの動作に必要な油圧機器を組み合わせて積層弁になっています。そのため、どの積層弁がどの油圧シリンダを作動させているか把握する必要があります。油圧シリンダの速度調整を行う場合も同じです。

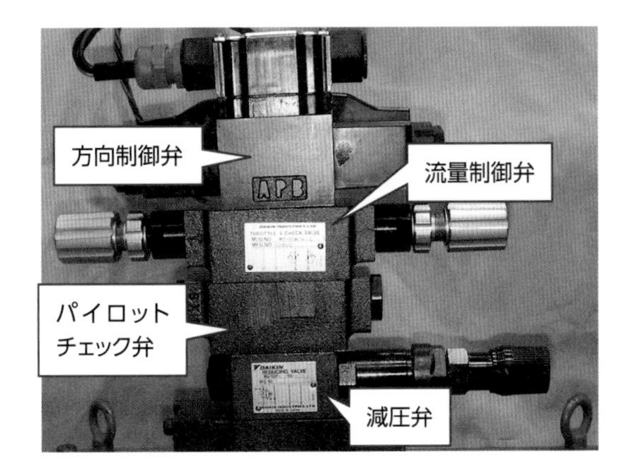

油圧シリンダでの速度制御

リリーフ弁で設定圧に調整された油圧作動油が各積層弁に供給されます。油圧シリンダに必要な圧力を減圧弁で調整し、速度調整は流量調整弁で行います。流量調整は、油圧シリンダを作動させながら行います。その場合、積層弁全体から油圧作動油の漏れが無いことが必要です。油圧作動油が漏れていると、油圧シリンダの速度が不安定になるおそれがあります。

第6章 「軸受」と保全作業

6-1 KIKAI-HOZEN

軸受とは

回転物の摩耗軽減

生産機械は数多くの機械要素部品から構成されています。この機械要素部品は、動力伝達・締結部品・回転運動する部品で構成されています。回転運動する部品は必ず摩擦が生じ、それに伴って摩耗が発生します。摩耗するだけでなく熱を発生させる場合もあります。軸受に摩耗や発熱が起こると、寿命が著しく短くなります。

軸受を大きく分けると、すべり軸受と転がり軸受に区別されます。すべり軸受は高速回転・高荷重や衝撃荷重に用いられ、転がり軸受は低速回転によく用いられています。また、転がり軸受は規格化されており、交換は容易です。軸受は主に回転物の支持に用いられますが、リニアガイドやボールねじのように直線運動やらせん運動をするものも含まれます。

電動機の軸を手で回転させて、電動機のベアリングの状態を確認しています。ベアリングに異常がある場合は、早期に交換する必要があります。ベアリングが繰り返し壊れる場合は、軸の曲がり、軸継手の異常などの確認が必要です。

ベアリングの状態確認

電動機のフロントカバーを開けてベアリングの状態を確認しています。ベアリングの外輪を手で回転させて、異音や回転抵抗などを確認します。電動機の故障で一番多いのが、回転子に取り付けてあるベアリングが先に損傷するケースです。

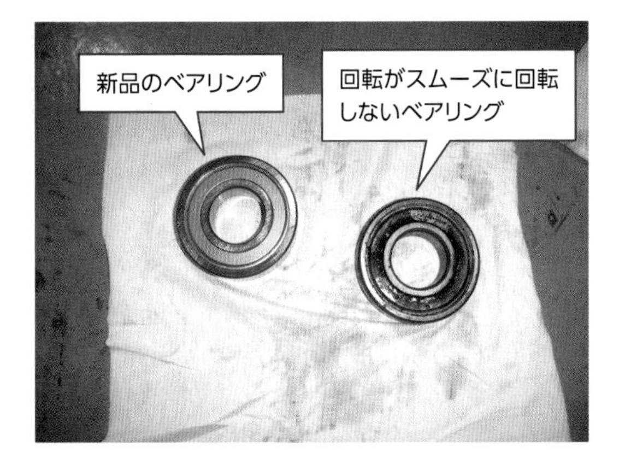

ベアリングの比較

回転子に取り付けてあるベアリングです。定期的に交換することで、電動機の寿命を延ばすことができます。ベアリングの種類は深溝玉軸受になりますが、電動機の使われ方によって型番にあるスキマ記号を調整する場合もあるため、ベアリング番号をよく確認してから交換する必要があります。

内部の点検と不良部品の交換

写真のワンウエイクラッチも軸受の一種で、すべり軸受とクラッチを組み合わせた部品です。このほか、ニードルベアリング、すべり軸受、円筒ころ軸受など数多くの軸受が使用されています。分解して洗浄、軸受などの点検、部品の良否点検、部品交換などを行い、新品に近い状態に戻すためには、内部の構造や部品の構成を理解している必要があります。

▶ 軸受の組み付け

軸受に求められる機能を十分に発揮するには、適正な組み付けが必要です。すべり軸受と転がり軸受では組み付け方法が異なります。必要な技能は、「軸の曲がりの確認」「すべり軸受と軸との当たり面の調整」「すべり軸受と軸のオイルクリアランスの測定」「転がり軸受と軸のはめあい寸法の確認」「転がり軸受の荷重方向の確認」「転がり軸受の脱着方法」など多くあります。軸受の知識だけでなく、付随する技能に習熟する必要もあります。

すべり軸受

すべり軸受の特徴

すべり軸受は、すべる摩擦だけが発生する軸受で、軸を面で保持しその面がすべる動きをしています。軸とすべり軸受の間に潤滑油があると、すべる摩擦は大変小さくなります。このため、すべり軸受では潤滑油の管理が重要です。潤滑油で管理されるすべり軸受の寿命は高寿命で高荷重、耐衝撃性、静粛性にも優れています。転がり軸受は、内輪と外輪の間に保持器と転動体があり、転動体のコロまたは玉が、転がる運動をする軸受です。転がるときの転がり摩擦が小さいことを利用しています。しかし、転動体の高速回転時には、必ず遠心力による繰り返しの荷重を受けていますので、寿命には限界があります。

静圧軸受と動圧軸受

静圧軸受は、油圧ポンプなどにより強制的に一定の油膜圧力を発生させます。動圧軸受は軸などを回転する動きにより油膜圧力を発生させるものです。すべり軸受では油膜圧力をいかに効果的に発生させるのかが、軸受機能の性能につながります。

動圧軸受で油膜圧力を変化させる要因として、軸の回転数および軸の受ける荷重や方向が変化することがあります。ポンプ用軸受と自動車用軸受を比較してみると、ポンプ用軸受は回転数が一定のため、荷重の方向や大きさが一定であるのに対して、自動車用軸受は高回転から低回転と回転が変化しているため、荷重の方向や大きさが変化します。すべり軸受は、軸受にかかる荷重の方向や大きさ、油膜圧力の変化などを考慮して選択する必要があります。同様に潤滑油の粘度・温度・種類も考慮して選択する必要があります。

銅合金製のすべり軸受です。他のすべり軸受より金属自体が非常に硬いため、軸に接触する部分に片当たりや凸部があると焼付く場合があります。

すべり軸受の構造

すべり軸受は、一層構造、二層構造、三層構造に分けられます。一層構造は軸受材のみを使い、すべり軸受にしたものです。この軸受材は低摩擦性、非焼き付き性、なじみ性などの性質を持った軟質性金属です。

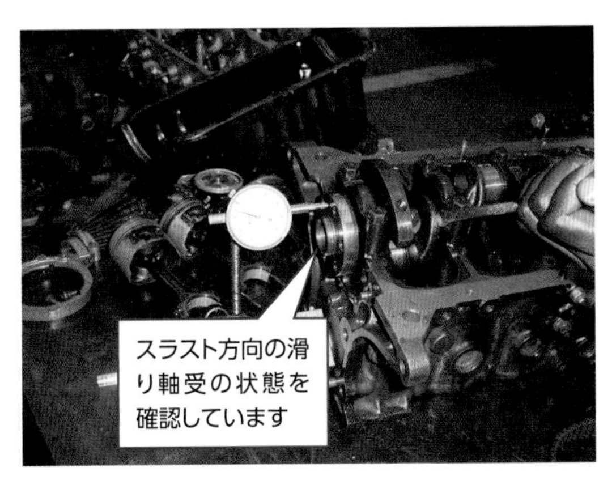

スラスト軸受のすき間の大きさ

スラスト軸受では、軸方向（スラスト方向）のすき間を確認することが重要です。特に、すき間が小さすぎたり大きすぎたりすると、焼き付きなどトラブルの原因にもなります。スラスト軸受の厚みの調整やサイズの選択が必要です。

層の構造

二層構造は、強度を向上させるために、裏金に鋼を用いてその上から軸受材を張り合わせたものです。三層構造は、なじみ性・異物埋没性・耐腐食性の性能を向上させるために、軸受材の上からオーバーレイを施して多層構造にしたものです。

クラッシュハイト

滑り軸受では、クラッシュハイトが重要です。滑り軸受を両方から押し付けて真円になるようにしています。

すべり軸受材料の種類と特徴

すべり軸受に要求される機能

すべり軸受は、軟質金属を材料に使い金属接触をしながら回転運動をするので、絶えず摩擦熱による影響を受けます。そのため、すべり軸受には特別な機能が要求されています。すべり軸受に要求される機能として、非焼付き性、なじみ性、埋没性、耐食性、耐疲労性があげられます。

非焼付き性では、潤滑油の適切な量を軸受に供給することが重要になります。軸とすべり軸受が金属接触することによって起こる摩擦熱などの影響で、すべり軸受の焼付きを防ぐため、潤滑油がいつでもすべり軸受に残る構造になっています。すべり軸受にポンプなどにより絶えず潤滑油を供給することで、潤滑油が冷却効果の役割も兼ねています。

なじみ性は、鉛やスズなどの軟質金属の軸受材を使うことにより、軸とすべり軸受が接触する部分が軸の形状に合わせて両当たりするよう、すべり軸受が変形量を吸収する仕組みになっています。

すべり軸受の軸と異物の接触

埋没性は、すべり軸受に硬い異物などがあった場合、異物を軸受内部に埋没させ、軸と異物を接触させない仕組みのことです。埋没性が無ければ、異物が硬い金属だった場合に軸と軸受が金属接触するために焼付きを起こす可能性があります。耐食性は、すべり軸受が軟質金属の腐食されやすい金属でできているため、軸受材料自体に耐食性の機能を持たせています。耐疲労性は、繰り返しの衝撃や高荷重に耐えるだけの機能が要求されます。

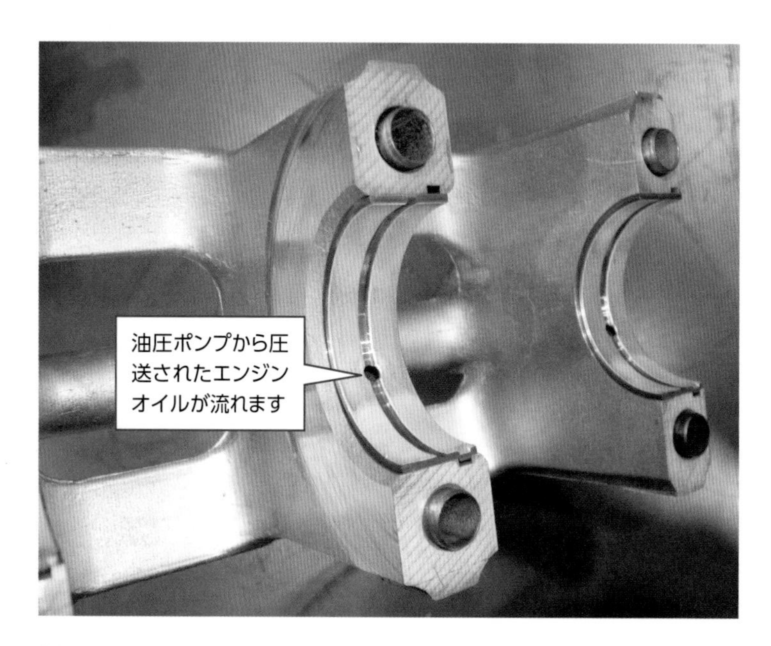

クランクシャフトを支えるメタルです。クランクシャフトは圧力をかけたエンジンオイルで、メタル内をスムーズに回転させています。

プラスチゲージをつぶして測定

プラスチゲージを使って、シャフトとメタルのオイルクリアランスを測定しています。プラスチゲージをつぶして、そのつぶした量を測定することでオイルクリアランスがわかります。

オイルクリアランスの測定

つぶれたプラスチゲージを測定している写真です。プラスチゲージを軸上に置き、その上からすべり軸受と軸受キャップをつけ、規定トルクで締め付けます。つぶされたプラスチゲージの幅を専用スケールで確認しています。プラスチゲージのつぶれた量がオイルクリアランスになります。

スラスト軸受＋ジャーナル軸受

すべり軸受で、軸方向とラジアル方向の両方に荷重がかかる場合には、スラスト軸とジャーナル軸受の両方の機能を持ったすべり軸受を選択します。両方の機能を持った軸受は「複合軸受」と呼ばれます。

潤滑油による潤滑管理

潤滑油の不足や選択ミスをした場合、すぐにすべり軸受自体の損傷を起こします。耐衝撃性を高めるために、裏金（鋼）に軸受材を貼り合わせ二重構造にし、その上からなじみ性・異物埋没性・耐腐食性などを向上させるため、オーバーレイを施しているすべり軸受もあります。

すべり軸受の潤滑

すべり軸受の潤滑の役割

すべり軸受に用いられる潤滑の役割は、軸と軸受の間に潤滑油の油膜を形成し、油膜によって軸と軸受にかかる荷重を支えることです。潤滑油の油膜がないと、軸と軸受の金属同士が直接接触してしまい、焼付きの原因になります。また、潤滑油には軸と軸受の摩擦・摩耗を低減させる役割もあります。それ以外にも、軸が回転運動しているときは軸受との摩擦熱を吸収し、温度の上昇を抑制することで軸受の寿命を延ばしています。

潤滑油を供給する装置

すべり軸受に用いられる潤滑油は、使用される機械設備によって決められています。タービン関係であればタービン油、油圧ポンプ関係では油圧用作動油、冷凍機器のコンプレッサーなどには冷凍機器専用オイル、内燃機関には内燃機関専用のエンジンオイルなどが用いられる構造になっています。すべり軸受の潤滑油では油膜が流れてしまい油膜形成が難しい場合は、半固体状のグリスなどを用いるすべり軸受もあります。

すべり軸受と軸のすき間は、すき間の精度、軸とすべり軸受が接触する部分の表面状態が大変重要になります。すき間が小さすぎると油膜が薄くなり焼き付く原因になります。反対にすき間が大きすぎると回転中に軸が振り回され、振動や騒音につながります。すき間の大きさが適切でも、軸に接触する内面にドリル加工の線条痕が残っていると焼き付きの原因になります。

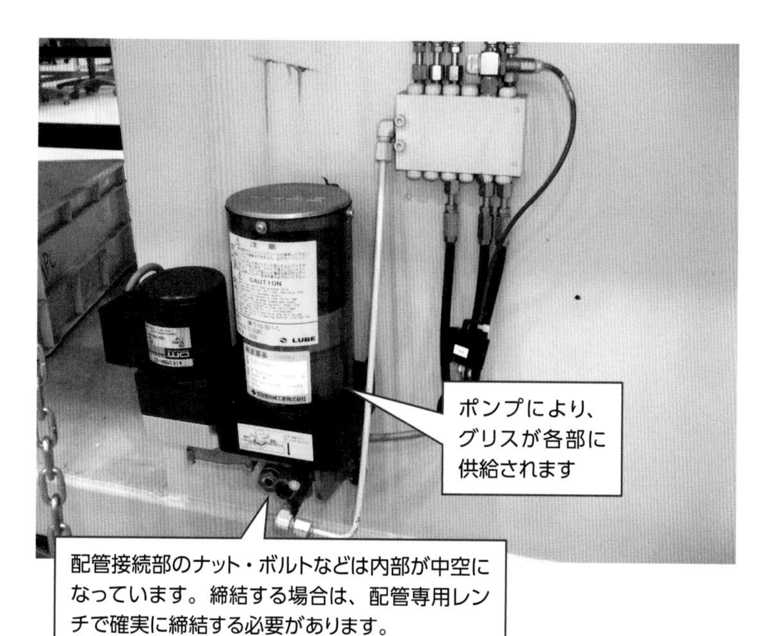

潤滑油には、オイルやグリスも用いられますが、特に注意しなければならないのが、潤滑油が通る配管です。1つの供給装置で一度に数カ所同時に供給するように配管が組み込まれています。配管は主に、専用ホースやベンダーなどで曲げることのできるやわらかい金属などを使用しています。

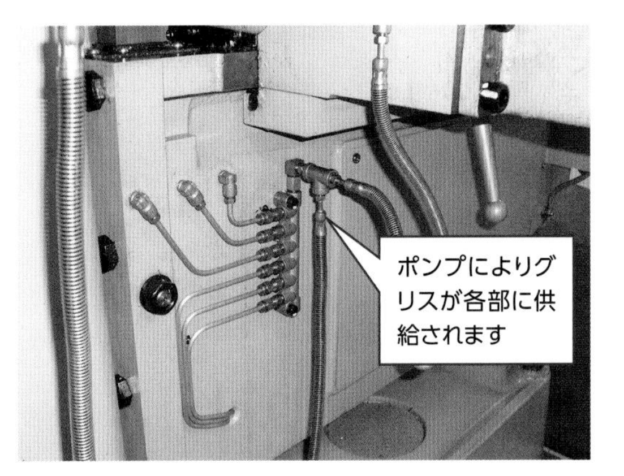

潤滑油を供給する配管

配管から漏れが発生すると、潤滑油が供給されなくなり、軸受などが焼き付く可能性があります。配管に振動などの負荷が繰り返しかかるような構造では、配管に亀裂を発生させる可能性があります。

グリスで潤滑するすべり軸受

内面のへこみにグリスが溜まる構造になっています。通常、すべり軸受の内面はリーマ仕上げですが、このタイプはリーマ仕上げをしません。リーマを通すと逆に焼付きを起こす場合があります。内側にリン青銅のすべり軸受、外側が鋼という構造になっています。

リン青銅製のすべり軸受

写真はリン青銅製のすべり軸受です。リン青銅のすべり軸受は、高負荷に向いていますが、内面の機械加工精度の仕上げが重要です。内面はリーマを通しリーマ仕上げとしています。

▶ 潤滑油の供給方法

すべり軸受への潤滑油の供給は、自動供給か手動供給で行われます。配管を通じて潤滑油が各部へ給油される構造は同じですが、自動供給は、モータとポンプを用いて潤滑油が必要な個所へ、一定時間ごとに最適な量を供給します。これに対して手動供給は、ハンドポンプやグリスガンなどで供給します。供給する期間や潤滑油の供給量については人間が判断することになるので、供給する前に決めておく必要があります。

転がり軸受

転がり軸受の基礎を知ろう

転がり軸受は、玉や円筒コロが内輪・外輪の中を転がることで回転しています。転がり軸受にかかる荷重方向によって使用される転がり軸受の型式が決まります。荷重方向は、軸方向の荷重と垂直方向の荷重、そして軸と垂直両方にかかる荷重に分かれます。

転がり軸受にかかる荷重の大きさと方向は、転がり軸受を選択するうえで大変重要な情報です。荷重の大きさと方向は使われる設備の寿命に大きく影響するためです。さらに、軸受が使われている環境も、選択に重要な要素です。転がり軸受を使用する目的に応じて、適切な選択ができる知識が必要です。

軸受が不具合になる原因をつきとめる

ある企業では、ベルトコンベヤの転がり軸受（深溝玉軸受）が1年ほどで破損し、交換することを繰り返していました。「当初は転がり軸受が壊れることはなかったが、数年前から壊れるようになってきた」と説明を受け、ベルトコンベヤのベルトを張るために末端のローラ軸が変形し、結果として深溝玉軸受に繰り返し荷重をかけてしまい損傷していると考えました。しかし、ローラ軸の交換は費用がかかります。そこで、ローラ軸の変形などを調整するために、深溝玉軸受を自動調心玉軸受に変更しました。

製造設備の中で転がり軸受を使用している場所は数多くあります。転がり軸受の型式は一種類だけではありませんので、使用目的に合わせて適切なものを選択できる知識が必要になります。また、同じ転がり軸受でも、シール、内外輪と玉のすき間などの規格があります。これらのことを考慮しながら最適な設備をつくることが必要です。

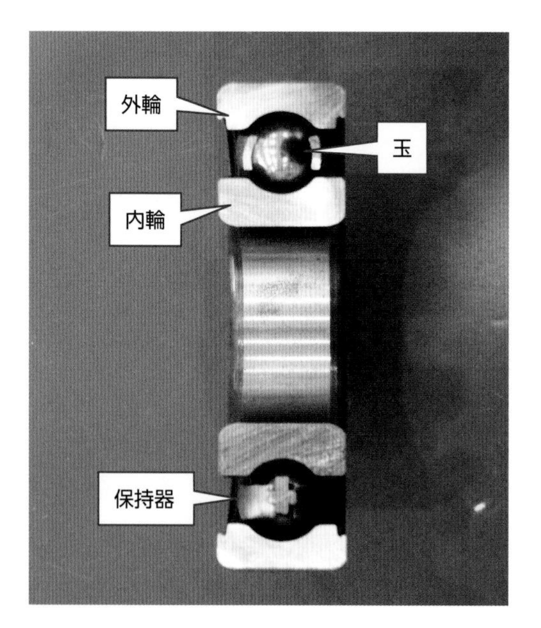

写真は深溝玉軸受です。一般的に広く利用されています。深溝玉軸受は外輪・内輪・玉・保持器で構成されています。
玉と外輪・内輪が垂直に接触するような構造になっているのが特徴です。深溝玉軸受は、垂直・水平方向にかかる荷重は受けられますが、軸方向の大きな荷重は受けられません。

スラスト玉軸受

軸方向の荷重だけを受けることができます。ハンドルやボールねじの末端に取り付けて、回転する抵抗を少なくする目的で使用されています。

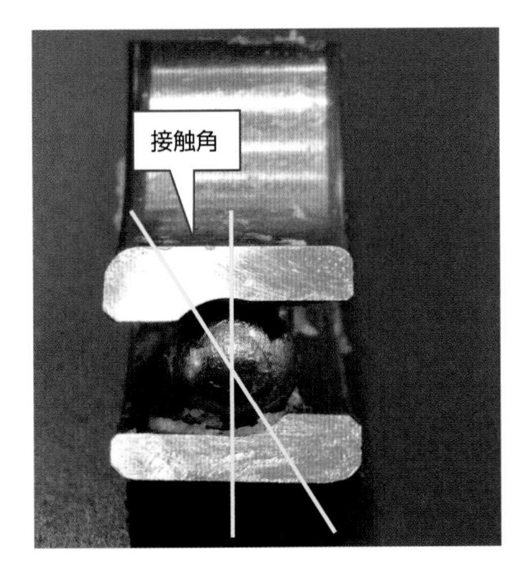

アンギュラ玉軸受

内輪・外輪と転動体（玉）の接触点は点で接触し、角度が付いた状態で接触します。内輪・外輪の一方を固定し、もう片方に一定の荷重を与える（与圧する）ことで、内輪・外輪と玉が接触するすき間をゼロに近づけることが可能です。内輪・外輪と転動体（玉）のガタが少なくなり、高回転、高精度に適した玉軸受です。通常単体で使用することは少なく、アンギュラ玉軸受2つ以上の組み合わせで使用されます。

自動調心玉軸受

自動調心玉軸受は、軸のたわみやひずみが避けられない伝導軸によく使用されます。外輪の軌道面は球面になっています。この球面の中心は軸受の中心と一致しており、内輪、転動体（玉）保持器は外輪に対して自動で調心が可能な軸受です。

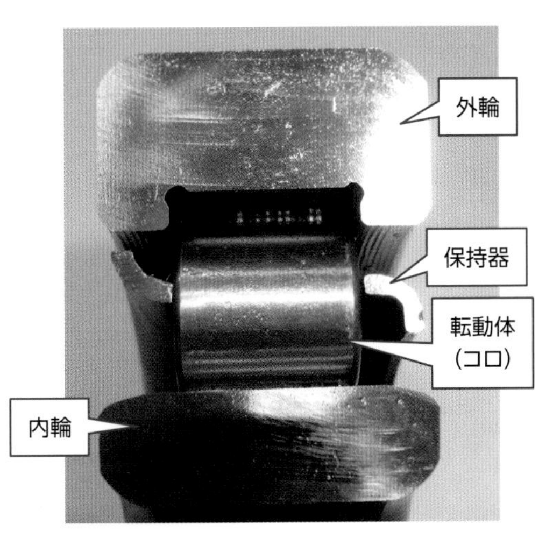

円筒コロ軸受

転動体が円筒コロで、内輪がスラスト方向に移動可能な軸受です。水平・垂直荷重に対しては強いものの、軸方向の荷重は受けられません。転動体（コロ）が円すい台形になっており、高負荷・高荷重に有利な円すいコロ軸受もあります。

転がり軸受のはめ合い

はめ合いとは

転がり軸受は生産設備や車両などに数多く使用されていますが、単に転がり軸受が軸やハウジングに挿入されているのではなく、軸と転がり軸受の内輪・外輪がはまり合う基準があります。この基準を「はめ合い」と呼びます。はめ合いは、転がり軸受だけでなく、軸と軸にはまり合う穴すべてに共通する基準になります。

はめ合いには、すき間と締めしろの2つがあります。すき間は、軸に対して穴の径が大きい場合の軸と穴の差を意味します。一方、締めしろは、軸に対して穴の径が小さい場合の軸と穴の差になります。転がり軸受の寿命や損傷に大きくかかわるので、はめ合いは適切に設定することが求められます。

はめ合いの種類

はめ合いの種類には、すき間ばめ、締まりばめ、中間ばめの3種類があります。転がり軸受では、軸受にかかる荷重とかかる荷重の方向・軸、ハウジングの材質と仕上げ状態、分解と組み立ての難易度、軸受の回転による発熱、内輪と外輪が軸とハウジングに対して固定側か自由側か、などによって選択されます。このため、はめ合いの最大の目的は、軸受の内輪・外輪が軸またはハウジングに確実に固定され、内輪・外輪にクリープ（すべり）を発生させないことです。クリープが発生した場合、発熱、はめ合い面の摩耗や振動などが発生し、極端に寿命を縮めてしまいます。

軸とベアリングの内輪がスリップしています。そのため、軸が摩耗した摩耗粉が腐食して赤茶色のさびが発生しています。クリープは、軸とベアリングのはめ合いが軸にかかる荷重に対して大きすぎる場合に発生します。これが繰り返されると接合面に「フレッティングコロージョン」という赤茶色のさびが出現します。

内輪のさび

軸に固定されている円すいコロ軸受の内輪に、赤茶色のさびが発生しています。円すいコロ軸受を軸から取り外したときに、軸と内輪の接触面が摩耗し、その摩耗粉が腐食してさびていました。

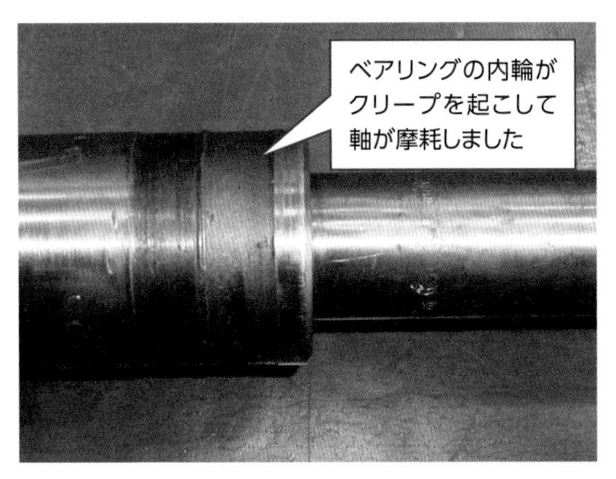

軸とベアリングの接触部の摩耗

軸が回転する構造ですので、ベアリングの内輪は締まりばめ、外輪はすき間ばめになります。写真は、ベアリングのはめ合い寸法が合っていないおそれがあります。内輪が軸とクリープし、摩擦熱によりベアリングが損傷してしまいます。

ベアリングの内輪の摩耗

ベアリングの内輪と軸がクリープを起こして、摩擦熱によりベアリングの内輪が赤紫色に変色していました。おそらく、800℃前後に温度が上昇した状態です。ベアリング内部にある潤滑グリスなどは溶けて、外部に流れ出てしまいます。そのため、ベアリングの損傷につながってしまいます。

▶ 軸受の選択

転がり軸受の荷重方向と接合方法の選択により、内輪と外輪の組み合わせ方が異なります。軸やハウジングの表面仕上げは重要で、旋盤加工後に残ったバイトの跡が高荷重下で潰れると、クリープの原因になります。軸受の選択は、接合面と軸・ハウジングの表面状態を基に行うべきです。

転がり軸受の修繕・整備

損傷の原因を把握

損傷した転がり軸受を修繕・整備する場合には、なぜ損傷したのかを必ず確認し、再度同じ損傷を起こさないように整備する必要があります。単純に転がり軸受を交換するだけでは同じトラブルを繰り返す可能性があり、生産設備や車両などの機能を十分に発揮できないばかりか、人身事故につながる場合もあります。

転がり軸受が損傷する原因

転がり軸受が損傷する原因として多いのは、①潤滑不良の場合、②転がり軸受に繰返し荷重がかかる場合、③転がり軸受の組み付け不良の場合などがあげられます。

特に転がり軸受に繰返し荷重がかかる場合には、軸の曲がりや回転物がアンバランスであることなどによって、よく起こります。ダイヤルゲージなどで曲がりや振れ測定を行い、規定値を超える場合には修正か交換を行います。

回転物がアンバランスな場合は、回転物が回転するごとに繰返し荷重が軸受にかかるため、早期損傷につながります。回転物が止まるときに、毎回同じ位置で止まる場合はアンバランスになっている可能性があります。正確に確認するには、振動計などを使用しながら振幅を測定する必要があります。

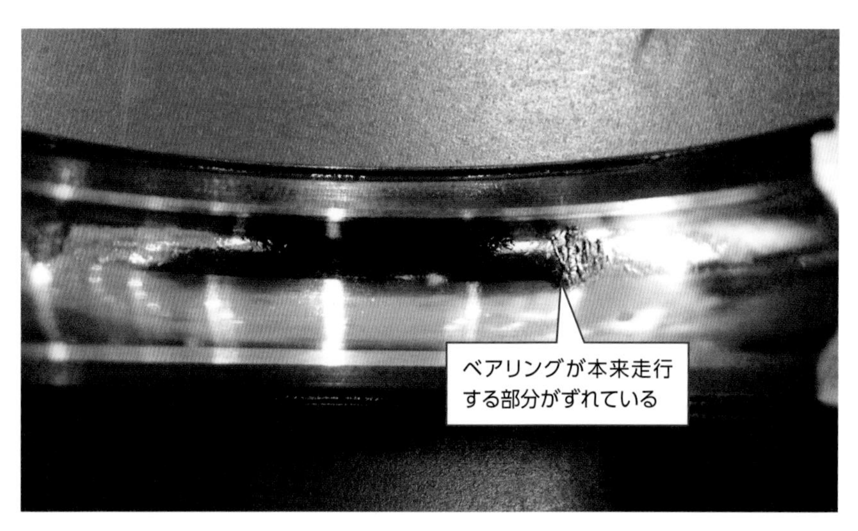

梱包機械で使われている真空ポンプから、異音と発熱がありました。ポンプ自体の温度が70℃前後あり、継続して使用するとライン停止につながる可能性があります。分解すると、ベアリングの内輪に1mm程度のガタがあり、紫色に変色していたことからベアリングとベーンなどの交換を行いました。ベアリングは内輪・外輪が締まりばめであったため、油圧プレスで慎重に挿入しました。組み付けるときにシム調整が必要な機構になっていたことから、深溝玉軸受の組み付けにミスがあった可能性もあります。

潤滑油選択の重要性

使用する潤滑油を適切に選択することが必要です。特に潤滑油では、極圧剤の種類により高荷重に耐久性のある軸受になります。軸受の種類によっては、使用時間や使用環境により軸受を洗浄油で洗浄し、新しいグリスと交換する必要があります。

円すいコロ軸受のグリス

円すいコロ軸受は、高荷重・高負荷で使用する場合が多くあります。グリスを入れる場合には、手のひらにグリスをのせ、円すいコロに押し付けるようにグリスを入れます。使用するべきグリスの量が決まっているので、入れすぎないように注意が必要です。

軸と軸受の組

軸やハウジングをよく確認し、特有の腐食物がないかどうか調べます。また、軸やハウジングに軸受を挿入するときは、油圧プレスやベアリングヒータなどによって軸やハウジングに傷などを付けないように組み立ることが必要です。

▶ 予圧の調整

予圧を調整するナットなどを適正トルクで締めた後、軸受が回転する回転抵抗を定量的に管理する必要があります。円すいコロ軸受やアンギュラ玉軸受などは、予圧調整をして精度を維持している場合が多いので、予圧が低いと、ガタの発生や荷重を軸受の一部で受けるために損傷につながります。逆に強い場合は、転動体と内輪・外輪の接触面の早期摩耗や発熱などにつながり、その状態で使用を継続すると損傷につながります。

転がり軸受の潤滑

転がり軸受の潤滑管理

転がり軸受では、一般的にオイル潤滑とグリス潤滑が用いられています。転がり軸受に用いられる潤滑油は軸受油と呼ばれます。転がり軸受に軸受油を供給する方法は主に、循環給油式、油浴式、はねかけ式があります。軸受油には、グリス潤滑と同様に転がり軸受で使用に耐える性能が要求されますが、液体状潤滑のため、軸受油の回収や供給方法が重要になります。また、使用する軸受油の種類、極圧添加剤、粘度などを適切に選択する必要があります。これを誤ると、軸受油の温度上昇による早期劣化や粘度低下による軸受自体の損傷につながります。

モータが壊れた原因は

ある会社で設備に使用しているモータが壊れました。下の写真のようにモータを分解して内部を確認したところ、冷却ファンに大量のゴミが付着し、冷却ファンの効果が失われていました。モータ自体の温度が上昇し、結果としてベアリングの軸と内輪が締まりばめで装着されていました。

内輪の熱膨張により、ベアリングの内輪と軸が滑りながら回転しており、軸と内輪の摩擦熱で、ベアリングの内輪は赤紫色に変色していました。金属が赤紫色に変色していたため、ベアリングの内輪は700℃から800℃まで温度が上昇したと考えられます。ベアリンググリスの滴点を越えてグリスが流れ出て、ベアリングに軸受油がない状態で使用されていたため、転がり軸受が高温になり損傷してしまったのでした。

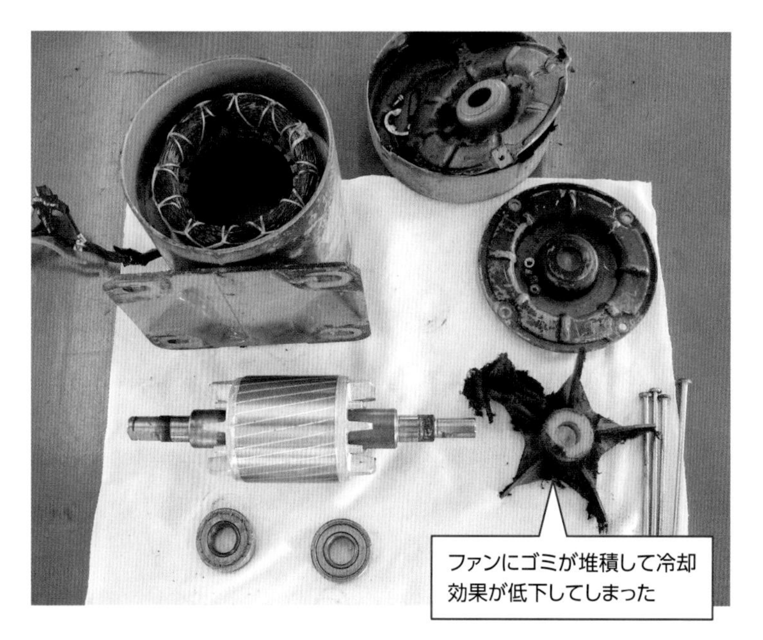

サーマルリレーが突然作動してモータ停止してしまいました。分解をして原因を確認したところ、冷却ファンの内部から大量のゴミが出てきました。モータの冷却機能が損なわれると、モータ自体の温度が上昇し、故障につながります。

ベアリングの膨張

写真の左側（負荷側）は、ベアリングの内輪が熱で膨張して軸と滑りながら回転していたため、摩擦熱で内輪が変色していました。摩擦熱でグリスの増ちょう剤が溶けてグリスが外部に溶けて外に出てしまいました。グリスがなくなると、ベアリングは潤滑不良となり、焼き付いてしまっていました。

円すいコロ軸受の変色

予圧調整が強すぎたため、外輪の軌道面が発熱によって変色してしまっていました。予圧が強いと発熱が起こり、弱すぎると円すいコロ軸受が振動します。予圧は強すぎても弱すぎても軸受の損傷につながります。

ベアリングのグリス交換

写真は円すいコロ軸受に使用されているベアリングのグリスを長期間交換しなかった事例です。グリスに異物が混入した状態で使用していたため、転動体（コロ）と内輪・外輪の接触する走行面に凹みがつきました。高負荷がかかる軸受には、定期的な潤滑油の交換が必要です。

▶ グリスの基本的性質を利用して修繕・調整

グリスの基本的性質を利用して、ベアリングなどの損傷状態を把握することができます。日常点検ではハンドグリスガンを使った給油作業によって、グリス通路の詰まりやグリスニップルの固着を確認できます。グリスニップルからグリスが入っていかなかったり、ハンドグリスガンを手動で操作するときにどのくらい手の抵抗感があるかで判断できます。

第7章 「電動機」と保全作業

7-1 KIKAI-HOZEN

電動機とは

電動機は、生産設備を稼働させるためのアクチュエーターとして使われています。局所排気装置では、一度電源を入れると1年間は連続運転します。定期修理以外で止まることがないよう、連続運転をする場合もあります。

定期修理の一例

定期修理では、Vベルト、プーリー、ピロブロックのグリス補充、電動機の軸受交換などを行います。次の定期修理まで電動機が停止することなく連続稼働できるように、交換する部品の点検が必要です。

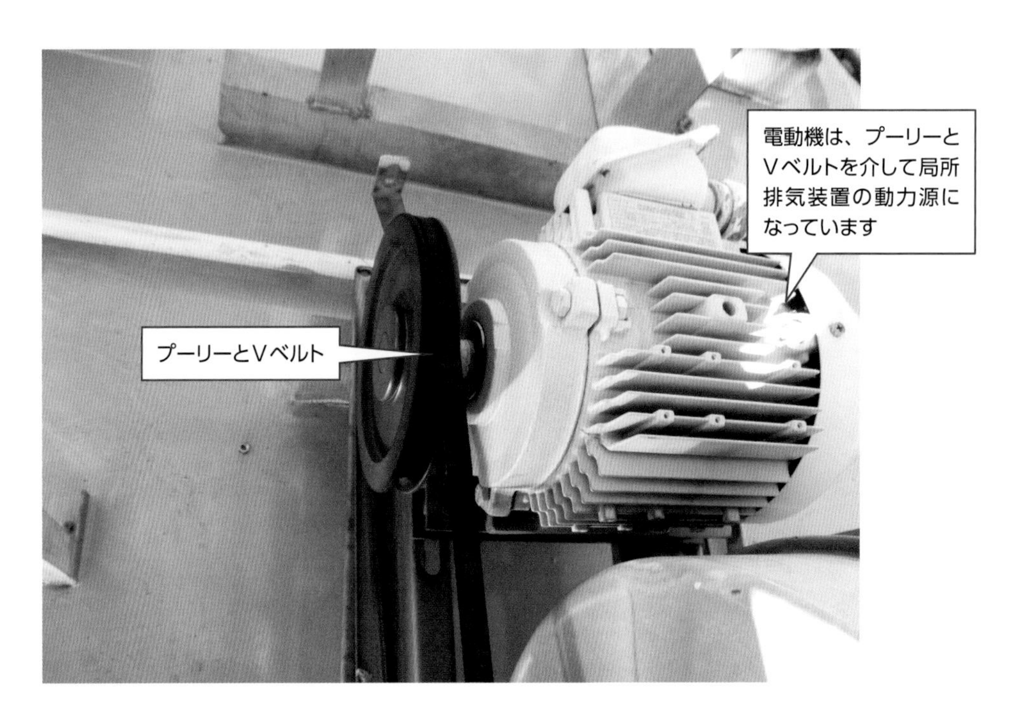

写真に写っているのは、局所排気ファンの電動機です。生産現場では、1年間の連続運転をしています。局所排気装置全体の保守点検手順書を作成する必要があります。

機械要素部品に分解すると、電動機はプーリーとVベルトでできてます。Vベルトを取り外し、電動機単体で回転させてみて異音がないか定期的な確認が必要です。

交換頻度を減らしても機械を維持できるようにする

電動機は、油圧ポンプを駆動させています。電動機は長期間にわたって連続運転を行う必要があるため、グリスの補充や点検などを行う間隔をできるだけ長くできることを考慮しました。そのためには、軸継手の軸心調整が重要になります。

電動機のゴミが不良を起こす

電動機は、送風機を稼働させています。そのため、回転するファンなどにゴミなどが付着するとバランス不良を起こし、モーターの軸受を損傷させる恐れがあります。

電動機内部のグリス交換

電動機は、大型減速機を介して動力伝達軸を稼働させています。内部には潤滑用のグリスが封入されています。モーターが、ギヤ軸継手を介して動力を伝達しています。定期的にグリスなどの交換と補充が必要になります。

▶ 電動機の良否点検

電動機の良否点検では、プーリーを手で上下に動かしてガタがあるか確認します。ガタがある場合は、電動機内部の軸受が損傷しているおそれがあります。良否点検では、Vベルトの摩耗や亀裂などをよく確認します。同時にプーリーとVベルトの接触面が摩耗していないかを確認します。Vベルトを耐摩耗性の高いVベルトへ変更すると、プーリーの摩耗が早まります。プーリーの耐久性を考えながらVベルトの種類を選択します。

電動機の構造

生産設備の中で使用されている電動機は、主に直流電動機と交流電動機に区別されます。現在では、交流電動機が使用されるほうが一般的です。

三相交流誘導電動機は、外部から電力を受け回転磁界を発生させる固定子（1次コイル）と電磁誘導に電力を受ける回転子（2次コイル）から構成されます。固定子は、鉄心と巻き線、これらを納める固定子枠から構成されています。切り込みのある鉄心に、絶縁されたコイルが納められています。鉄心は薄い（0.35mmまたは0.5mm）ケイ素鋼鈑を積み重ねた状態になっており、ケイ素鋼鈑の間には絶縁ワニスが塗られています。

回転子の種類

回転子の構造は、巻線型誘導電動機とかご型誘導電動機の2種類に分けられています。一般的に巻線型誘導電動機は回転数を変えられる可変速設備に使用されます。逆にかご型誘導電動機は、通風機など回転数を一定にして使用する定速設備に使用されています。

かご型誘導電動機の回転子内部構造は、切り込みを施した鉄心に同じ形状の銅棒（ローターバー）をはめ、両端を短絡環と呼ばれる銅の環で接続している構造です。小型の電動機では、ローターバーと短絡環が一体構造で作られています。ローターバーと短絡環の形状がかごの形になっているのでかご型と呼ばれます。

かご型誘導電動機の特徴として、固定子から回転子に電流が流れない短絡された状態で回転していることが挙げられます。回転子は固定子から発生する電磁誘導により回転しています。そのため、巻線型誘導電動機よりも起動電流を多く必要とします。

コイルに流れる電流で磁界を発生させ、回転子を回転させています。磁力線が回転子に受ける効率をあげるため、回転子と固定子の隙間をできる限り小さくして誘導電動機の効率を上げています。

固定子の鉄心に巻かれたコイル

写真では、固定子の鉄心にコイルを巻いています。コイルには絶縁用ワニスが塗られており、コイルに流す電流は、鉄心に流れない構造になっています。ローターバーと両端の短絡環を接合した構造です。
この回転子は、ローターバー、スロット、短絡環が一体構造になっています。

三相交流電動機の固定子

固定子内を回転子が回転する構造になっています。電磁誘導の効率を上げるために、固定子と回転子の隙間（エアーギャップ）が大変せまくなっています。そのため、軸受の損傷による固定子と回転子の接触、異物の噛みこみによる損傷を起こす場合があります。

湿式真空ポンプの電動機から出火

電動機の電源には、サーマルリレーが装着されていない状態で使用されていました。通常、規定以上の電流が流れるとサーマルリレーが作動して電流が遮断されますが、回転子に回転抵抗が発生しても電流を流し続ける構造になっていました。電流が電動機に継続して流れた結果、固定子のコイルが発熱して損傷しました。

燃えた原因の調査

電動機は真空ポンプを動かしていました。真空ポンプは製品材料の脱泡を行っており、80℃になっていたため、多くの水分を含んでいました。脱泡した時の水蒸気が電動機内部に入り、電動機の固定子を腐食させたのです。固定子が腐食した状態で回転子が回転していたことが発熱につながりました。

電動機の保守メンテナンス

電動機の保全は、機械的な方法と電気的な方法に分けられます。機械的保全では、使用時間に応じて軸受の交換や点検が必要です。特に大型モーターでは負荷側の軸受が劣化しやすく、軸受の内部や走行路の状態を確認して耐久時間を決めます。

電動機の機械的保全

軸受の温度測定は重要です。軸受の温度が滴点以上になるとグリスが溶け出します。グリスがない状態で回転すると外輪・玉・内輪が金属接触した状態で回転するため、軸受の損傷につながります。

振動測定では、電動機の軸受の振動振幅の加速度を確認し、金属損傷の度合いや交換時期を把握します。振動測定をする場合には、軸受に直結している部位を特定し、強固な個所を測定します。

電動機の電気的保全

電気回路の絶縁状態を確認します。電気設備や機器の回路は絶縁して使用され、不適切な絶縁は感電や火災のリスクがあります。絶縁状態は絶縁抵抗計（メガー）を使用して測定します。テスターでは10MΩまでしか測定できないため、高い抵抗を測定する場合はメガーが必要です。

測定前には配電盤の電源を遮断し、適切な定格電圧のメガーを使用します。メガーで測定する際、アース線を接地し、動力線を機器の端子に接地します。三相交流の電動機では、各相の絶縁抵抗値が同じになっている必要があります。アンバランスな場合は絶縁劣化の可能性があります。

軸受を修繕・整備するうえで必要なことは、同じ損傷を再び発生させないように、損傷の原因を的確に把握することです。使用する潤滑油の種類、軸と軸受のはめ合い、軸受にかける予圧などを的確に選択し、調整することが必要です。

電動機から異音がする場合、内部の軸受（ベアリング）が損傷していることがほとんどです。定期的に回転子のベアリングを交換することで、機械的故障がなくなり電動機の延命につながります。短期間で軸受の損傷が起こる場合は、損傷する原因を確認することが重要です。

ベアリングの繰り返し荷重

電動機のベアリングが何度も損傷する場合、ベアリングに繰り返し荷重が加わっている場合が多いです。ダイヤルゲージを使ってスプロケットの振れを測定し、1/100mm以内の精度で軸穴が加工されているかを確認します。

回転子を取り出して点検

電動機から回転子を取り出し、回転子のベアリングを点検しています。ベアリングからガリガリと異音がしており、手で回転させると抵抗感がありました。ベアリングのグリスが無くなっている状態で使用していたため、ベアリングが完全に損傷していました。

ベアリングからのグリスの漏れ

電動機の軸受になります。誘導電動機が故障する原因の一番は、回転子と固定子が接触することです。回転子のベアリングを定期的に交換することで、誘導電動機の寿命を延ばすことができます。

▶ 転がり軸受の選択

電動機内部でも、温度が高い場所と低い場所では、玉と内輪・外輪の隙間を考慮した転がり軸受を選択する必要があります。転がり軸受が損傷する原因として、潤滑不良、繰り返し荷重、組み付け不良などが挙げられます。繰り返しの荷重がかかる場合は、ダイヤルゲージなどで軸の曲がりや振れ測定を行い、規定値を超える場合は交換します。回転物がアンバランスな場合は繰り返しの荷重が軸受にかかり、損傷につながります。

電動機の損傷事例

回転子の軸受から異音が発生している場合

電動機の軸受が損傷する原因を調べます。軸受が損傷する原因として、冷却ファンの汚れによって軸受自体の温度が上昇し、軸受に使用されているグリスが溶解したことが挙げられます。電動機が軸継手を介して接続されている場合には、電動機の軸心精度が不良である可能性があります。軸心が規定値の振れ量に入っていない状態で回転を続けると、軸や軸受に繰り返しの荷重が働き、軸受の損傷につながります。

電動機から発熱している場合

冷却ファンの汚れや電動機の温度を確認します。冷却ファンは電動機の回転方向に関係なく、外側から内部に向かって送風します。そのため、冷却ファンの外側にごみが付着します。発熱がある場合は、電動機だけではなく動力を伝達されている装置も確認します。電動機から動力伝達されている装置が回転不良を起こし、回転抵抗が増加している可能性があります。その場合、電動機から軸継手を取り外し、手で回転させてみて回転抵抗を調べます。回転抵抗が大きい時には、軸受や回転する装置側に損傷がある可能性があります。

電動機が突然停止した場合

電気的な要因であることが多いですが、まずは電動機から唸るような音が発生していないか確認をします。唸るような音がしている場合、電動機が正常な状態で回転をしているにも関わらず、物理的に回転を停止させている要因があります。たとえば、動力を伝達している軸や減速機などに物が挟まり、回転が停止している可能性があります。このような状態で放置すると火災事故につながりますので、ただちに電源の遮断を行い、電動機の回転を停止させているものを取り除きます。

送風機のファンの写真です。内部のシロッコファンが回転して送風する構造になっています。
シロッコファンは電動機の軸に直接取り付けてあります。ファンに付着したゴミなどで回転がアンバランスになると、電動機のベアリングが損傷するおそれがあります。

手で回転させて確認

ファンがいつも同じ場所で停止するようになっていました。内部を確認すると、ファンにゴミが付着して回転がアンバランスになっていました。こうなってしまうと重力方向の下側が重たくなり、ファンが毎回同じ位置で停止するようになります。

回転子の損傷

アンバランスになっていると、ファン自体が振動して回転します。電動機の回転子が直接振動を受けることとなり、回転子のベアリングが傷つく可能性があります。送風機のファンは、定期的な清掃と点検を行って、アンバランスにならないよう予防する必要があります。

ベアリングの損傷

ファンの振動が電動機に伝わって、繰り返しの荷重がかかったままベアリングを回転し続けると、損傷につながります。電動機の軸を手で回転させてみて、ガリガリと回転抵抗が伝わってくる場合、ベアリングの交換が必要です。

▶ 電気的な要因で停止した場合の取り扱い

電動機が電気的な要因で停止した場合は、電源などをすべて遮断したうえで、停止した要因を調べます。まずは端子箱を開け、接続されているコード類の接続状態の確認を行います。コードに接続されている圧着端子が緩んでいる場合は、端子台から圧着端子を取り外し、端子台の状態や変色などを確認します。圧着端子が緩んでいた場合には、端子台と圧着端子の間でアーク（スパーク）が発生して絶縁不良が発生している場合があります。

第8章 「潤滑油」と保全作業

8-1 KIKAI-HOZEN

潤滑とは

潤滑油の働き

あらゆる摺動面には潤滑油が使われ、潤滑管理が行われています。摺動面では金属同士が直接接触をしないよう、必ず潤滑油を介しています。潤滑油無しで摺動させると、数分で焼き付いてしまう場合もあります。

潤滑が必要なのは、転がり軸受やすべり軸受、金属と金属の摺動面です。適切な潤滑を行うためには、摺動面や摩擦面の表面状態や形状の把握、潤滑油の供給方法、最適な潤滑油の選択など、総合的な技術に精通することが求められます。

摩擦抵抗と摩擦係数

潤滑の概念として、摩擦抵抗と摩擦係数という言葉があります。摩擦抵抗を生み出す力は静摩擦力と動摩擦力に大別されます。静摩擦力はものを押したときにすべり出す力のことで、動摩擦力はものが連続的にすべり続けるときに働く摩擦力です。ものが動き出す力は接触している面それぞれの材質によって変化します。接する物体の材質により摩擦力が変化することを摩擦係数と呼び、材質によって摩擦係数はすべて異なります。

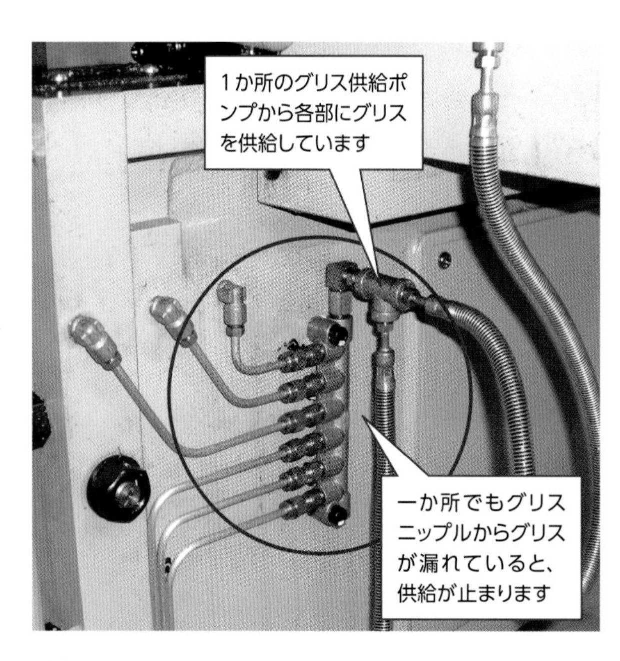

潤滑油を専用配管で各個所へ供給し、摺動面に油膜を常に補給する構造になっています。潤滑油の種類、粘度などは適切に選択する必要があります。供給配管は数カ所に供給できますが、配管の破損などで一部供給不能となる場合があるので、必ず目視で摺動面上に油膜が確保されていることを確認します。接続部分に1か所でも不備があると、潤滑油の供給が止まり、すべての摺動部分が損傷してしまいます。自動供給のグリスポンプで使用するグリスのちょう度の選択が重要です。通常、ちょう度0番か1番の柔らかいグリスを使います。

リニアガイドとグリス

リニアガイドは転がり軸受を利用して、レール上を位置移動するものです。定期的にグリスなどの潤滑油を注入する必要があります。
使用できるグリスの種類や粘度、注入する量などが決められている場合もあります。リニアガイドの先端には、異物を防ぐダストワイパが付いています。潤滑油の種類によっては、ダストワイパを劣化させる場合があります。

ベアリングに合わせた潤滑グリス

ベアリングに用途に応じた潤滑グリスを封入しています。ベアリングが回転するためには、潤滑油が必要です。潤滑油にはグリス潤滑とオイル潤滑があり、ベアリング単体で回転する場合はグリス潤滑で使用されています。通常、ベアリングを購入すると、最初からグリスが封入されています。ベアリングの用途によって、グリスの種類などを考慮します。

チェーン軸継手に封入する潤滑グリス

伝達シャフトに設置されているチェーン軸継手の補修点検をしています。内部には潤滑グリスが封入されていますので、潤滑グリスの定期的な補充と交換が必要です。チェーン軸継手の軸心を規定範囲で調整し、稼働時間に応じてグリスを補充・交換します。グリスを確認して茶色に変色していた場合には、軸継手の軸心が再度規定値になっているかを確認して調整します。

▶ 摩擦係数は互いに接する物質により異なる

たとえば、木製テーブルとガラステーブルでは、ものをすべらせたときの摩擦力が違うことに気がつくと思います。また、すべらせるものを変えたときにも摩擦力の変化に気がつくと思います。摺動面に対して潤滑が必要になるのは、潤滑油（油やグリスなど）が接触面にあることで摩擦力を小さくするためです。潤滑油は大変多くの種類があり、使用するものの材質によって最適な潤滑油を選択することが必要です。

潤滑と摩擦

転がり摩擦とすべり摩擦

摩擦面は、転がり軸受などの転がり摩擦と、すべり軸受などのすべり摩擦に分けられます。また、摩擦面の潤滑油の状態により、乾燥摩擦、境界摩擦、流体摩擦の３つに分類されます。多くの転がり軸受やすべり軸受には、この摩擦状態が存在します。

粘性流動膜と吸着油膜

潤滑油が液体潤滑の場合、吸着油膜と粘性流動膜の２つに区別されます。２つの金属の面を平滑に磨き、数滴の油を付けて面同士をくっつけると、手の力では引き離せないぐらい強く吸着します。油膜は極めて薄いこのような状態のことを吸着油膜と呼びます。

粘性流動膜は、吸着油膜より厚い油膜が存在し、接触面の間に油膜が流れている状態です。理想的な潤滑状態の接触面は、吸着油膜を接触面の間に両面から挟み込むような状態になります。粘性流動油膜は、潤滑油の粘度に大きく影響を受けます。極端に低粘度の潤滑油を使用すると、粘性流動油膜が形成されず、発熱や焼き付きの原因になります。乾燥摩擦は、物体の接触面に潤滑油が介在しない状態での、接触面の摩擦になります。物体の摩擦面に介在する油膜の厚さはきわめて薄く、吸着油膜だけが存在している状態になります。

潤滑油の選択

潤滑油の種類や供給量は大変重要です。選定を誤ると境界摩擦状態になり、長く続くと発熱や焼き付きを起こします。流体摩擦は、接触する摩擦面に厚い油膜があり、油膜に発生する圧力によって隔てられている状態の摩擦です。ジャーナル軸受では軸が油膜の力で中空に浮いた状態で回転し、軸と軸受の金属が直接接触しないため、軸受の摩耗が発生しません。

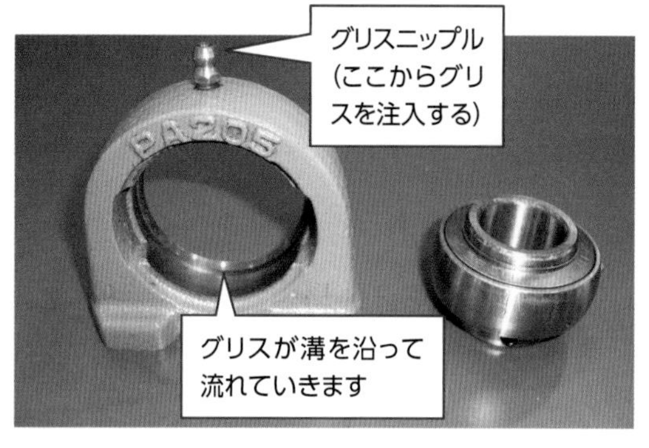

設備の中には、多くのピロボールが使用されています。ピロボールでは、グリス潤滑かオイル潤滑が利用されます。グリスニップルから潤滑油を注入し、そこから潤滑が必要な個所に供給されます。ピロボールにグリスを注入するニップルがある場合、グリスニップルからグリスなどを注入すると、１カ所のニップルから、ピロボールの摩擦が発生する部分全てに潤滑される仕組みになっています。各部へグリスを供給することで、摩耗を低減できます。

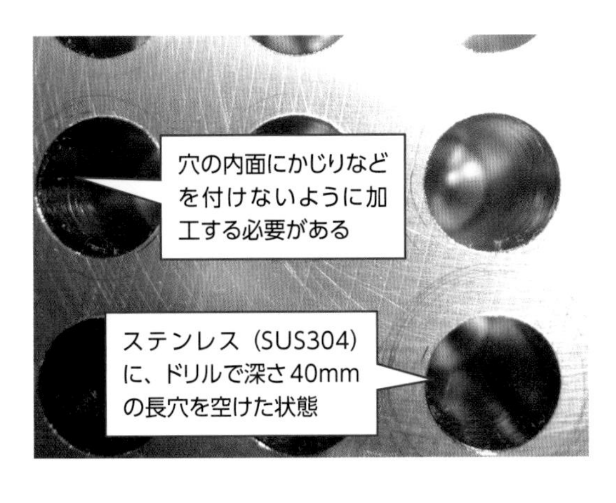

機械加工でも潤滑油の重要性は同じ

工作機械で加工をする場合には、切削オイルを塗りながら加工を行います。切削オイルを塗りながら加工を行うのは、加工時の発熱やかじりを防止するためです。金属の種類によっては、切削中の発熱で加工面が悪くなることもあります。摩擦を下げ、摩擦熱を発生させないための潤滑油が必要です。

ギヤ軸継手のグリス交換

ギヤ軸継手の保守整備を行っています。定期的に潤滑グリスを交換、補充が必要です。
写真は古いグリスを取り除き、新しいグリスを補充した様子です。グリスは、金属が摩耗しにくいものを選択し、今後も同じグリスを継続的に使用することになりました。

▶ グリス潤滑の基本事項

グリス潤滑の基本的性質を表す項目として、基油、増ちょう剤、ちょう度、滴点、耐水性、機械的安定性などがあります。これらは、グリスを選択するうえで大変重要です。

- 基油：潤滑油として使う鉱油と合成油になります。
- 増ちょう剤：おもに石けんが用いられています。一般的にリチウム、カルシウムが使用されています。
- ちょう度：グリスの硬さと粘さを示すものです。通常、転がり軸受用グリスのちょう度はNo2が使用されています。
- 滴点：グリスの温度が上昇し、グリスが溶けて落下するときの温度を示します。グリスを使用する環境の温度は、滴点の60%～70%を限界とします。
- 耐水性：グリス自体に水分がどの程度混入しているかを示しています。一般的にグリスは水分が低い方がよいのですが、水分を安定剤として使用しているグリスもあります。
- 機械的安定性：グリスの性質の変化しやすさを表します。グリスは、機械内部で攪拌され、流動状となって外へ流出したり、硬くなったりしないように、変化しにくいものが望まれます。

潤滑油を使用する目的

潤滑油には、摩擦を低減する作用、摩擦面を冷却する作用、摩擦面にかかる荷重を分散させる作用、摩擦面のさびを防ぐ作用、ゴミなどの侵入を防ぐ作用、金属同士を潤滑油で密封する作用などがあります。

各種作用の機能と効果

摩擦の低減作用では、接触する面の間に潤滑油を供給することで乾燥摩擦を防ぐ効果があります。また潤滑油が接触面に供給されたことにより乾燥摩擦から流体摩擦に変わり、摩擦を最小限にできます。

摩擦面の冷却作用とは、接触する摩擦面から発生する摩擦熱を除去することです。内燃機関のピストンやシリンダなどの高温環境では、多量の潤滑油を供給して熱を除去します。潤滑油で冷却すると潤滑油自体の温度も上昇するため、潤滑油を冷却する装置が組み込まれている場合もあります。潤滑油の粘度が低いほど冷却効果は高くなります。

摩擦面にかかる荷重を分散させる作用は、接触面にかかる荷重を分散させます。減速機などの歯車には局所的に大きな荷重がかかります。摩擦面に潤滑油があることで、局所部分にかかる荷重を分散させることになります。こちらも、粘度が高いほど荷重が分散されやすくなります。

摩擦面の防錆作用やゴミなどの侵入を防止する作用は、接触面のさびや腐食の発生を抑制する効果があります。金属同士を潤滑油で密封する作用では、潤滑油に半固体状のグリスを使用することでゴミが内部に侵入することを防ぎます。

エンジンオイルは、シリンダとピストンの摩擦抵抗を下げ、シリンダ内の燃焼ガスに含まれるカーボンの除去、燃焼ガスによるピストンの温度上昇を抑える役割があります。潤滑油はものによって性能が異なるため、潤滑油の選択を間違えると機械自体を壊してしまう恐れがあります。

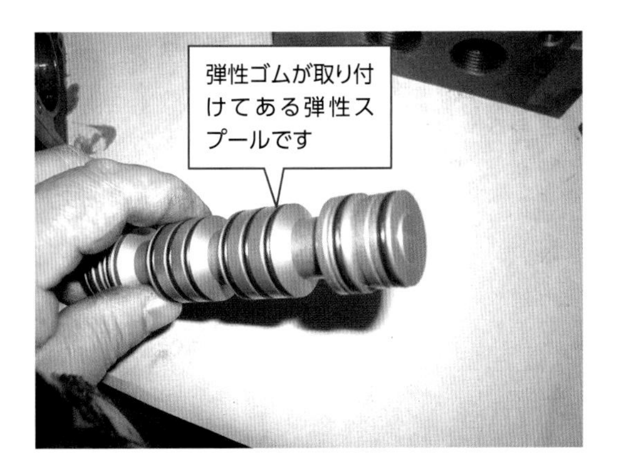

弾性スプール

空気圧装置に使われているソレノイドバルブのスプールです。電磁弁で止められている圧縮空気の力を利用してスプールさせる構造です。圧縮空気にゴミなどが入っていると、スプールがスムーズに動作しなくなり、エアシリンダに圧縮空気が供給されなくなります。

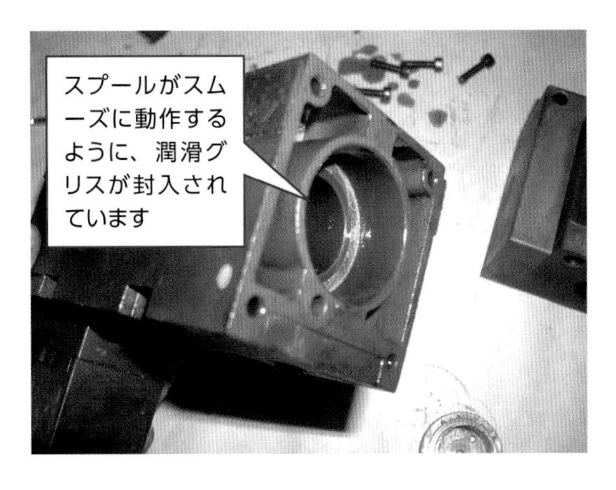

空気圧装置のソレノイドバルブ

空気圧装置に使われているソレノイドバルブのボディです。スプールはスムーズに動作する必要がありますが、内部にゴミやほこりなどが堆積しているとスプールの動作に影響が出てしまいます。スムーズに動作させるためには、専用の潤滑グリスが必要です。

スプールへグリスを塗布

スプールがスムーズに摺動するために、グリスを塗布します。圧縮空気にはゴミや水分が含まれています。スプールに弾性部品がある場合、これらの影響を考慮して使用するグリスを選択する必要があります。弾性部品は使用するグリスに影響される場合が多いため、グリスの選択には注意が必要です。

▶ 内燃機関のオイルの役割

内燃機関のエンジンでは、爆発燃焼によりピストンとシリンダが往復運動をしています。燃焼効率を上げるには、ピストンにかかる燃焼エネルギーを外部に漏らさないことが必要です。そのため、ピストンリングがシリンダの壁にオイルと一緒に密着します。このとき、オイルは密封作用と摩擦低減作用、冷却作用の両方の役割を持っています。

潤滑油の管理

潤滑油を管理する目的

生産設備や車両などの点検項目には、給脂作業がかならず含まれています。給脂作業では、作業時期、給脂の量、給脂する潤滑油の種類を決めて管理する必要があります。決めずに運転していると、潤滑油不足による焼き付きが起こることもあれば、潤滑油の消費が増えてコストの増加につながることもあります。

潤滑油管理に必要な事項

潤滑管理に必要な事項は、①潤滑油を供給する装置の管理、②最適な潤滑油の選定、③潤滑油の油面管理、④潤滑油の交換時期などです。

潤滑油を供給する装置の管理は、設備の運転状態や潤滑油を供給する摩擦面の管理などです。設備を正しく管理することで、トラブルを未然に防止します。

潤滑油の選定では、必要な潤滑油を把握することで管理しやすくなるほか、保管する量も少なくできます。また、潤滑油の購入や保管の計画が立てやすくなります。

油面管理では、使用している潤滑油の量を適切に維持する必要があります。油量が不足している場合、ギヤの損傷や焼き付きにつながります。潤滑油は油圧シリンダへ送られる動力になるため、油圧不足の場合は油圧シリンダが定格の機能を発揮できない可能性があります。逆に油量が多いと、油温の上昇による潤滑油の早期劣化につながります。

交換時期については、摩耗粉やゴミなどが混入して劣化したころに、潤滑油を全量交換することが必要です。特に、新設した減速機などでは、歯車になじみが出たころに潤滑油を全量交換し、その後は交換サイクルを伸ばして歯車が摩耗しないように管理するのが望ましいでしょう。

潤滑油が大気圧より低くなると、潤滑油の中に溶け込んでいた空気が外に出てきます。油圧作動油などの場合、油圧タンク内にあるフィルターの詰まりなどで、配管中が負圧になります。この現象をキャビテーションといい、キャビテーションが発生すると、油圧ポンプの損傷や油圧シリンダの機能低下にもつながります。

マグネットの確認

油圧タンク内の作動油を点検する際、タンク内に磁性体を吸着するマグネットがある場合には、磁性体にどのような形状のものが吸着されているかを必ず確認します。くっついているものによっては、油圧装置の内部部品が損傷しているおそれがあります。いち早く損傷部品を発見することで、油圧装置のどこが損傷しているのか確認できます。

サクションフィルターの点検

油圧タンク内のサクションフィルターを点検します。サクションフィルターには、油圧タンク内の異物が付着します。磁性体に限らず油圧作動油中にある異物がフィルターの表面に付着しますので、異物を確認することで油圧装置全体の不具合箇所の特定に役立ちます。

油圧装置の作動油交換

油圧作動油を長期間交換していなかったため、作動油を確認すると汚れていました。
油圧タンクから油圧作動油を完全に抜き取ります。抜き取った作動油の色を確認すると、黒く変色していました。作動油の適切な交換時期を決めておき、作動油の変色、作動油中にある異物などを確認します。

油圧タンクの底の沈殿物確認

油圧タンクから作動油を完全に抜き取った後、油圧タンクの底に沈殿していた異物を取り除きます。同時に、取り除いた異物の形や状態を確認して、油圧装置内に異常が発生していないかを確認します。沈殿物の中に金属破片などがある場合、油圧ポンプ関係、油圧モーター関係に損傷が起こっているおそれがありますので注意する必要があります。

潤滑油の汚染管理

潤滑油の劣化を判別する

設備に使用されている潤滑油は、さまざまな使われ方をしています。潤滑油の劣化を判別するには、潤滑油の使われ方を把握することが重要です。摩擦面の摩耗を防ぐために絶えず金属面に接触し、摩擦熱や空気中の酸素や水分や日光などの影響を受けて、潤滑油は使用前のものとは違う性質に変化します。これを潤滑油の劣化と呼びます。

潤滑油の劣化の測定法

潤滑油の劣化を測定する指標として、①色相、②水分濃度、③酸化、④粘度などがあります。

色相は、新品時の色から変色している色の変化を見極めます。潤滑油の中の透過されない固形物の量を測定する方法として、ガラス瓶の中に劣化した潤滑油を採取し、反対側から電灯で照らしたときの光の見え方（透過具合）で確かめるやり方があります。

水分濃度は、潤滑油に含まれる水分量を測定します。潤滑油の中に水分と反応する物質を入れて測定します。

酸化とは、潤滑油が空気中の酸素と反応して潤滑油内に酸化物を生成することです。通常、潤滑油が酸化した場合には色がつく傾向にあります。

粘度は、潤滑油の使用時間や使用状態によって変化する場合があります。潤滑油の種類によって粘度か高くなる場合と低くなる場合があり、新油と比較することで劣化を簡易的に判断します。

写真は動力伝達装置のギヤ軸継手です。内部には専用のグリスを封入しています。定期的にギヤ軸継手にグリスの交換や補充を行うことが必要です。グリスも使用するにしたがって劣化します。劣化した状態で使用を継続すると金属の摩耗を引き起こす結果になり、ギヤが摩耗します。最悪の場合は交換しなければならなくなります。

グリス交換時の確認

小型トラックのプロペラシャフトジョイントのグリスニップルの写真です。グリスニップルにグリスを注入するときに、今まで中に入っていた古いグリスの色や状態を確認するようにしましょう。また、手動でグリスガンを操作するときは、手に伝わる抵抗などをよく確認します。

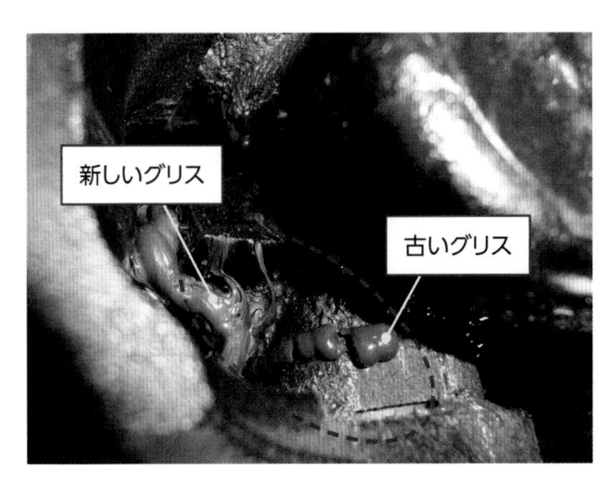

新しいグリスと古いグリスの比較

稼働条件によっても異なりますが、新しいグリスと古いグリスではグリスの色や状態が異なります。新しいグリスの色になるまでグリスを注入し、注入しているとき、グリスガンの抵抗の大きさも確かめます。抵抗が大きい場合や、グリスがニップルの中に入っていかないときは、内部の詰まりや損傷が起こっている場合があります。

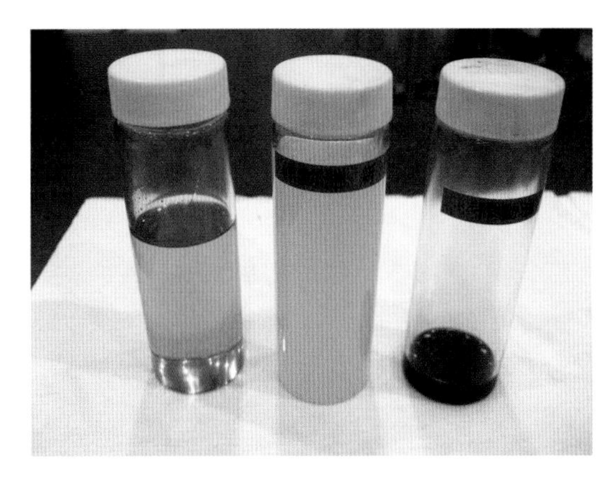

潤滑油の劣化による色の違い

写真は、左から新油、作動油に水が入り不透明になった油、固形物が入り黒く変色した油です。鉱油の場合、水分が混入すると乳白色に変色しますが、水に溶解してしまう油もあります。ガラス瓶に採取したオイルの後ろ側から光を当てたときに、電灯の光がどの程度透過するかで、簡易的に不純物の量を判断できます。

▶ 不純物の識別と測定

不純物の識別では、材質を見極めます。たとえば磁性体であれば磁気による吸着、銅合金であれば金属表面の色などで識別します。顕微鏡などで形状を確認すれば、損傷の状態も把握できます。不純物の測定には、重量を測定する方法と数量を測定する方法があります。重量を測定する場合は専用フィルターで捕集し、固形物の重量を測定します。数量を測定する場合は100mL中に含まれる不純物を大きさごとに選別して数えます。

第9章 「密封装置」と保全作業

9-1 KIKAI-HOZEN

密封装置とは

密封装置の役割

生産設備や航空機、車両など、機械には数多くの密封装置が使われています。密封装置は互いに接合する2つの部材の間に装着され、接合された部材の間からのオイルなどの漏れを防止する目的と、外部からの異物の侵入を防止する目的があります。

密封装置は、機械設備の性能に大きく影響を与えます。密封装置の中には、内部からの漏れや外部からの異物侵入を防止するほかに、高圧の圧力を保持する機能を要求されているものもあります。耐薬品や耐熱、耐寒など、設備が使用される環境条件面からの機能が要求される場合もあります。

密封装置の用途

密封装置は通常「シール」と呼ばれています。シールはガスケットとパッキンに区別されます。使用方法と使われ方によって名称が区別されています。

ガスケットは通常、シール部分が固定され動かない場所によく使われています。液体や気体、高圧ガスなどを密封し外部に漏らさない役目をしています。ガスケットはさまざまな使われ方をされますので、使用用途に応じて材質や形状が選択されています。特に内燃機関で使われているシリンダヘッドのガスケットは、シリンダ内で燃焼ガスが爆発したときの高圧や高温に絶えずさらされています。したがって、燃焼ガスに耐えるだけの機能と耐久性が要求されます。パッキンは通常、密封しているシール部分が動くところに用いられます。

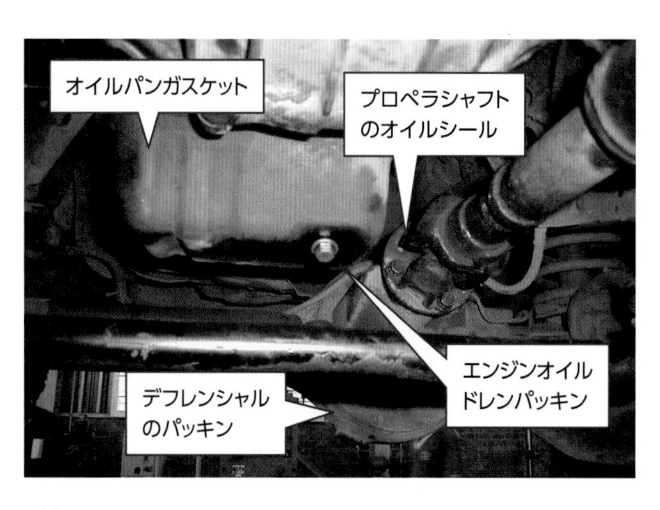

車両には、数多くのパッキン・ガスケットなどの密封装置が使用されています。エンジンからの耐熱や耐油・耐摩耗などに対して適合した密封装置が取り付けられています。密封装置は消耗品ですので、定期的に保守点検を行い交換することが必要です。

自動車のフロントアクスルシャフトのオイルシール

自動車には、使用する環境を考慮して、さまざまな仕組みがあります。路面の砂や雨水の影響で損傷しないように、可動部にはオイルシールが取り付けられて侵入を防いでいます。オイルシールは消耗品になりますので、定期的に交換を行いながら、内部の潤滑グリスなどを交換する必要があります。

油圧タンクのパッキン

油圧タンクの点検口に、油圧作動油の耐候性を持ったパッキンが使われています。パッキンが損傷していると油圧作動油が漏れてしまいます。パッキンには、油圧作動油を外部に漏れ出さないようにする役割があります。そのため、パッキンには油圧作動油に触れても劣化しない材質が選ばれています。

▶ シール部分の使われ方

シールが必要になる部分では、往復運動や回転運動が起こります。往復運動している機械として、油圧シリンダなどがあります。油圧シリンダのピストンパッキンは、シリンダなどに高荷重がかかった場合でも漏れや破損などが起こらないように、パッキンの材質や形状を考慮してつくられています。油圧シリンダのピストンパッキンから油圧作動油などが漏れた場合、油圧シリンダの落下や定格の推力低下につながります。

生産設備や航空機、車両などに使用されているシール類は、機械の内部に装着されている場合がほとんどです。そのため、多くの場合は外部から確認できません。また、入り組んだ狭い部分に装着されている場合が多く、シール類の不具合を細部まで目視確認するためには、シール類の分解や取り外しを行う必要があります。一度分解や取り外しを行うと、シール類の再使用は不可能である場合が多いため、交換は慎重に行うことが必要です。

ガスケットの種類と特徴

密封装置の分類

ガスケットには金属製のものも非金属製のものも両方あります。ガスケットの役割は、液体や圧縮ガスが外部に漏れないようにすることと、水分や砂、ほこりなどを内部に入れないことです。

ガスケットの種類と特徴

ガスケットには、①シール状ガスケット、②組み合わせガスケット、③単体ガスケット、④液体ガスケット、⑤複合体ガスケットなどがあります。用途に応じてさまざまな使われ方をされています。

シール状ガスケットは、配管のねじ部に巻いて使用されます。巻くときには、ねじ部の外側1～2山残して巻きます。全部巻いてしまうと、シールテープが内部で切れ、切れたシールテープが配管内を移動して機械の破損につながる場合があります。

組み合わせガスケットは、2種類以上の材質を組み合わせて使用されます。Oリングとバックアップリングの組み合せや、金属性薄板の間に黒鉛やテフロンなどを挟み込んだものがあります。

単体ガスケットは、金属単体のガスケットです。単体ガスケットは、銅合金やアルミニウム金属で作成されています。製造される製品によっては、ガスケットに使われる金属が品質に影響を与える場合がありますので注意が必要です。

液体ガスケットは、シリコン樹脂などの半固体状のガスケットです。通常、部品と部品の接合面に使用され、内部のオイルや水などの液体を外部に漏らさないようにする場合に使用されます。液体ガスケットは硬化しても弾性体になっていますので、振動やひずみなどをある程度吸収できます。

複合体ガスケットは、2種類以上の軟質材料を軟鋼・銅・ステンレスなどの金属で覆ったガスケットです。内部の軟質材料はクッション材の役目があり、主にテフロン樹脂や軟質石綿板などが使用されます。

ガスケットは通常接合面などに使用されているが、形状や材質はガスケットに要求される機能によって決められる。また、単体ガスケットの銅やアルミニウムの場合、一度締結されると金属の加工硬化を起こす。加工硬化を起こしたガスケットなどは再使用不可なので、取り扱いには注意が必要。加工硬化を起こしたガスケットを使用すると漏れの原因になる。

ドレン用のガスケット

材質は軟質のアルミニウムや銅が用いられています。また、油圧用などの高圧がかかる場所のガスケットとしても使用されています。写真は、液体ガスケットがノズルから出る瞬間に立った状態です。

液体ガスケットの使用例

液体ガスケットは金属の接合面に塗ると、平らに流れてしまいます。ノズル先端を写真のように切断すると、液体ガスケットが立った状態で塗ることができます。

液体ガスケットは使用用途によって種類が分けられています。そのため、耐熱、耐水、耐有機溶剤など、使用個所により適切な液体ガスケットを選択する必要があります。

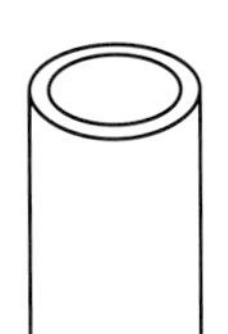

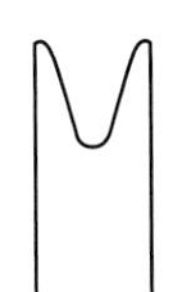

ノズルの切り方

ノズルの切り方によって、液体ガスケットの流れ方が異なります。左上のように切ると平べったくなり流れやすくなりますが、左下のように切ると流れることが少なく、必要な量は少量で済みます。この左下の状態を「立った状態」と呼びます。

弾性シールを内側につける

締結用ワッシャーの内側に弾性シールを施した写真です。弾性シールは主に、締結用ボルトからオイルや水などが漏れる場合に使用されます。構造上、液体ガスケットが使用できない場合によく用いられます。

ガスケットの交換方法

ガスケットを交換するときの注意

ガスケットが使われている接合面から漏れが発生した場合には、ガスケットの交換が必要です。通常、ガスケットは締結ボルトで締結されています。緩める順番や締結する順番は決められている場合があります。ガスケットが接する接合面の状態やゆがみなどを確認しながら取り付ける必要があります。

締結ボルトを緩めたり、締めたりする順序

通常、締結ボルトを緩める場合には、外側から対角に中央に向かって緩めていきます。内側から緩めると接合する部品が変形したり、クラックを起こしたりすることがあります。締める場合は、緩めるときとは逆に中央から対角に外側に向かって締結していきます。締結する順序を守らないで締めつけた場合、ガスケットの変形やひずみを発生させてしまい、漏れなどを起こすことがあります。

また、ガスケットを設置する接合面に変形や深い傷などがあると、漏れなどの原因になってしまいます。すると、ガスケットが正しく機能を発揮できない場合もあります。

接合面の変形状態を確認するためには、スライドエッジとスキマゲージを用います。スライドエッジの水平を利用して、ひずみがあることが確認できたらスキマゲージを入れ、どれだけすき間があるか調べます。スライドエッジで測定する場合には、1カ所だけでなく必ず水平と対角とを組み合わせて数カ所測定することが必要です。

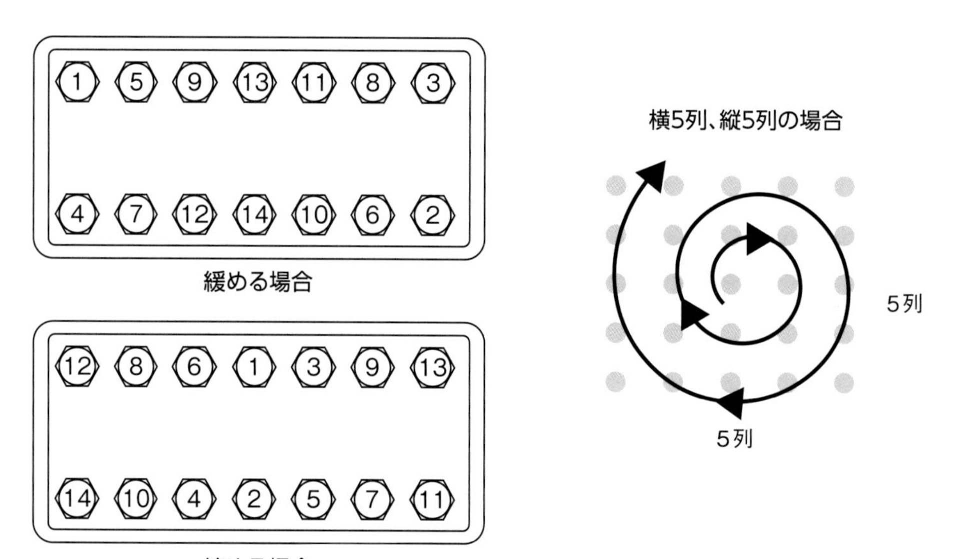

接合されるガスケットのひずみを考慮しながら、順序を意識して締結していきます。右のように横5列、縦5列のボルトがある場合、中心から右回りに渦巻きを書いて、渦の中で対角線上に締結順序を決めていきます。

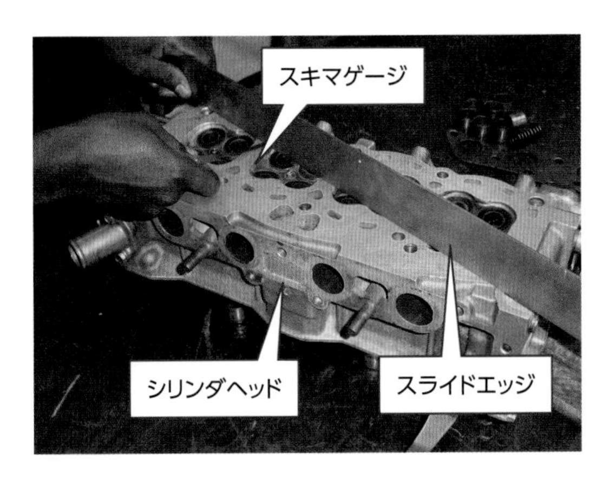

内燃機関のシリンダヘッド部の確認作業

シリンダヘッドとシリンダの接合面にガスケットが装着されています。内燃機関にとって、ガスケットはもっとも重要な部品です。シリンダ内で燃焼や爆発が繰り返されるため、それに対する耐久性が必要になります。
ガスケット交換時には、適切に装着するため、装着面にクラックなどがないかを確認します。

パッキンの締結作業

油圧タンクの点検口のパッキンを交換する準備をしています。パッキンを付けてカバーのナットを締結する場合、ナットの締める順番が重要です。パッキンのひずみを外に逃がしながら、必ず対角線上に締めます。一度締めたナットを少し緩め、パッキンを均一になるように締めていきます。

液体パッキンの装着作業

油圧タンク内のボルトに液体パッキンを塗布しています。
液体パッキンは耐油性のものを選択する必要があります。ねじに対して均一になるように、液体パッキンを塗っていきます。

▶ Oリングとバックアップリングの組み合わせ

ガスケットでは、Oリングとバックアップリングの組み合わせ方が重要です。必ず圧力のかかる反対側にバックアップリングを設置します。圧力が両方からかかる場合には、バックアップリングでOリングを挟むように設置します。内部にかかる圧力が7MPaを超える場合はバックアップリングを使います。設置ミスは、接合面のすき間のOリングの弾性体が内部に入り欠損してしまうことにつながります。

ガスケットの損傷事例

損傷の原因を確認する

取り付けられているガスケットが損傷して交換した場合は、なぜ損傷したのかを把握する必要があります。ガスケットの損傷は、①ガスケット自体の寿命による損傷と、②ガスケットの組み付け不良による損傷に分けられます。

ガスケットの劣化により損傷する場合、ガスケットがどのような使用環境にあったのかを把握する必要があります。使用環境が高温や高圧にさらされている場合は寿命が短くなるため、一定期間ごとに交換しなければなりません。使用するガスケットの材質を使用環境に合わせることで、延命が可能になります。特に液体ガスケットの場合は、高温・高圧縮といった使用状態により材質を選別することが必要です。

締結ボルトは新品ボルトと交換する

ガスケットの組み付け不良により損傷する場合の多くは、締結ボルトの締めつけ順序不良に起因します。ガスケット内部でひずみが生じて密着不良を起こし、接合部から漏れる可能性があります。また、ガスケットで液体を密封する場合、液体の粘度が小さく、密封される液体の圧力が大きくなるほど、すき間から漏れる量が増えます。ガスケットの接合面にすき間ができないように、接合面の調整や締結ボルトの締結の仕方に注意が必要になります。

また、高張力ボルトを回転角法で締結している場合には、原則再使用を避けて交換する必要があります。再使用する場合には、新品ボルトの長さと使用済ボルトの長さを測定し、新品時の長さより長くなった高張力ボルトは使用を避けることが必要です。使用するボルトの種類により、伸ばす力が異なります。ガスケットを接合面に組み合わせて締結するときには、使用するボルトの種類・材質をよく理解してから作業することが必要です。

真空チャンバが真空を保てない

ある会社で、真空チャンバが真空を保てないという相談がありました。現物を確認すると、真空チャンバは弾性体のガスケットを使用しており、十数本の締結ボルトで締結されていました。ガスケットを確認すると一部ねじれており、その箇所で真空が保たれていないことが分かったため、締結ボルトの締め方を変更しました。

最初に締結ボルトを手で締め、内部を真空状態にしながらトルクレンチで確認しつつボルトを締めていきました。当初はボルトを締めきってから真空にしていましたが、真空にしつつボルトを締結したことで、弾性シールが真空側に引き込まれて均一に密着することができました。

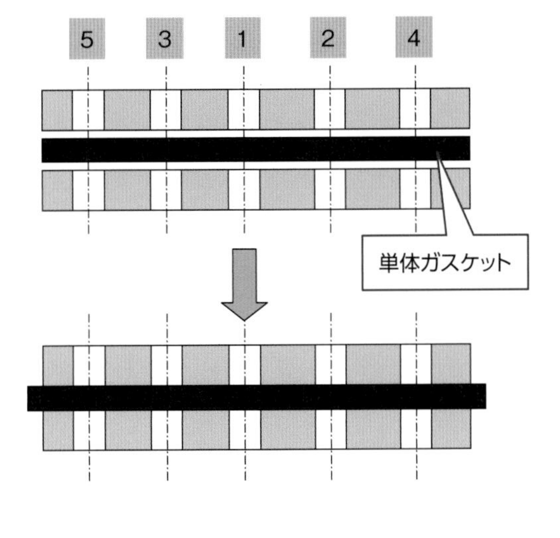

正しい締結手順

左の図は、正しい締結手順を示しています。真ん中から締結を行い、外側に向かうように締め付けました。この場合、ガスケットは左右両方に、均一に引き延ばされています。

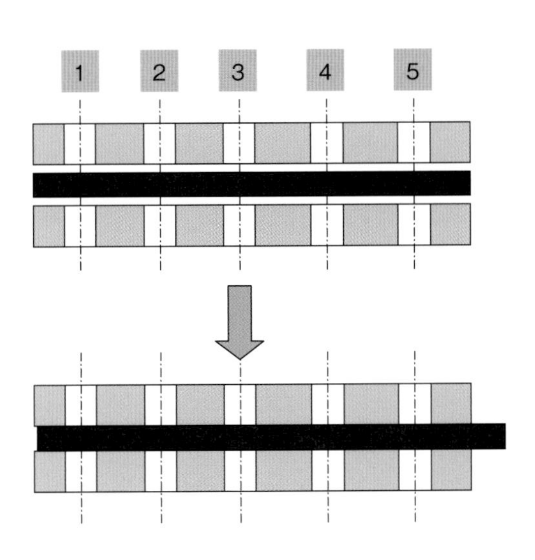

誤った締結手順①

左の図は、誤った締結手順を示しています。片側から順番に締結を行いました。この場合、ガスケットは片方側だけに引き延ばされてしまっています。

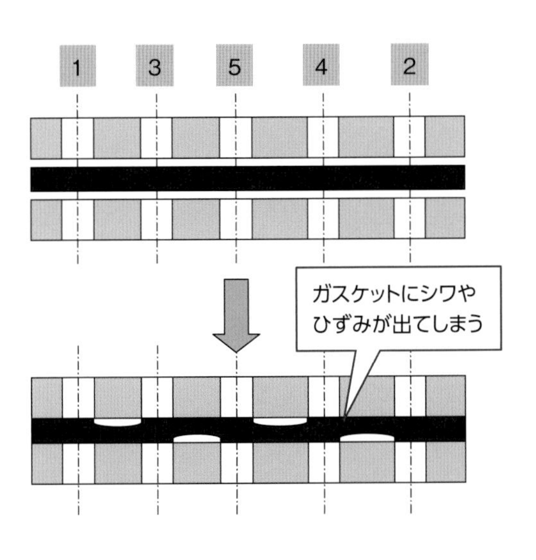

誤った締結手順②

左の図では、外側から内側に向けて締結した場合を示しています。ガスケットにひずみが出ています。ガスケットを接触面に完全密着させるには、締結した場合にガスケットがどのような状態になるのかを考えながら締結することが重要です。

Oリングの種類と特徴

Oリングの種類

Oリングは用途によって3種類に分けられます。①固定用（ガスケット用）、②運動用（通常往復運動用）、③真空フランジ用（真空装置用）などに区別されています。

固定用はG種とも呼ばれます。G種のOリングはガスケットとして、液体や気体、半固体、粉体などを外部に漏らさないと同時に外部から異物の侵入を防ぐ目的で使われています。また、G種のOリングは高圧などに耐えるだけの機能を有しています。

運動用はP種とも呼ばれます。P種のOリングは通常往復運動用に用いられています。特に往復運動による摺動面との摩擦による摩耗を少なくする目的と、内部の圧力が高圧になったときに外部に内容物を漏らさない機能を有しています。

真空フランジ用はV種とも呼ばれます。V種は主に真空装置関係の気密を保持するために使われます。多くは真空用のフランジ継手など気密保持用ガスケットとして使います。

接触する物質による材質の区別

Oリングに接触する物質によっても区別されます。油圧作動油と一緒に組み込まれる場合は、Oリングの種類が1種Aか1種Bに分けられます。Oリングの弾性体はNBR（ニトリルゴム）を使用していますが、1種Aと1種Bでは1種Bの方が硬くつくられています。そのため、油圧作動油が高圧になる個所に1種Bを使用します。

使用される個所と密封する物質によって、Oリングの弾性体の種類が決まっています。Oリングが内部にある物質と接触したことが原因で損傷しないように配慮されています。しかし、清掃でオイルやクリーナなどが付着した場合にOリングが損傷する可能性がありますので、オイルやクリーナの種類には注意する必要があります。

左の写真のOリングは、左側が4種Cシリコンゴムのリング、右側が1種BニトリルゴムのOリングです。両方のOリングを、スプレー式潤滑油に2分間浸漬する実験を行いました。
結果は右の写真のようになりました。左側の4種CのOリングは膨潤していますが、右側の1種BのOリングには変化がありませんでした。接触する物質によりOリングが損傷する場合がありますので注意が必要です。

NBRよりも劣化に強い水素添加ニトリルゴムH-NBR

あるオゾン脱臭装置のOリングが頻繁にクラックを起こしていました。Oリングの劣化原因がオゾンによるゴムの劣化と考えられましたので、NBRよりオゾン劣化に強いH-NBRに交換しました。

1種A（鉱物油関係）ニトリルゴムNBR

主に鉱物油に対して耐候性があり、油圧用は1種B、空気圧用は1種Aと区別して使用されます。1種Aの弾性部品の硬さはHs70、1種Bの弾性部品の硬さはHs90になります。

Oリングの運動用（P種）

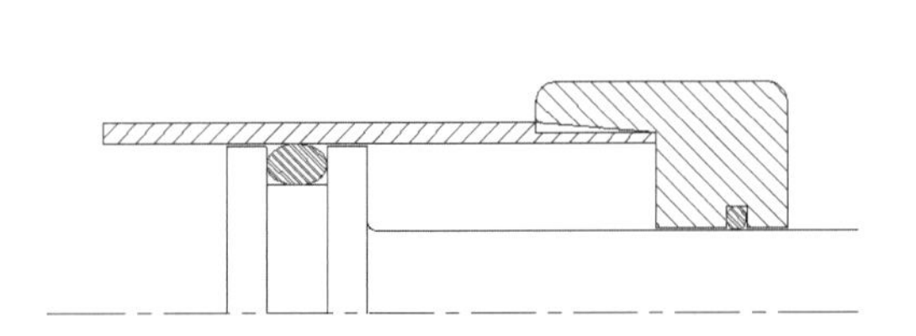

Oリングの固定用（G種）

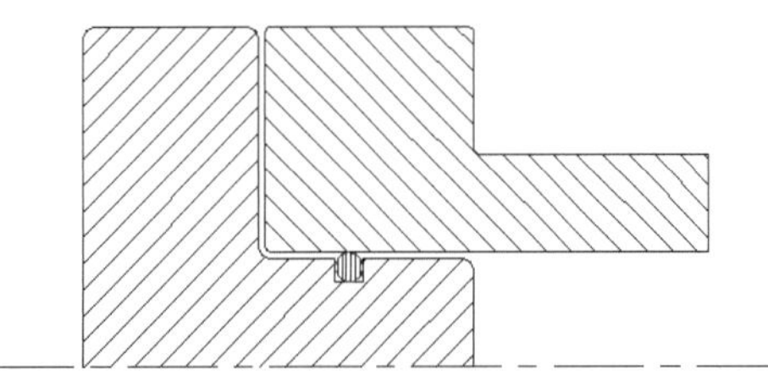

種　類	記号	ゴムの種類	硬さ（JIS Hs）	規格マーク	用途
1　種　A	1A	NBR	70	青一点	耐鉱物油用（潤滑油）
1　種　B	1B	NBR	90	青二点	耐鉱物油用（潤滑油）
2　種	2	NBR	70	赤一点	耐ガソリン用（ガソリン・マシン油・スピンドル油）
3　種	3	SBR	70	黄一点	耐植物油（ブレーキ油）
4　種　C	4C	シリコンゴム	70	なし	耐熱・耐寒
4　種　D	4D	フッ素ゴム	70	緑一点	耐熱・耐薬品性

運動用（P）　NBR：ニトリルゴム
固定用（G）　SBR：スチレンゴム
真空フランジ（V）

第9章 「密封装置」と保全作業

Oリングの交換方法

Oリング交換時の注意

現在使用しているOリングが損傷して漏れなどが起こったときには、Oリングの交換が必要になります。Oリングを交換するときには、G種、P種、V種などの規格とOリング弾性体の種類を必ず確認します。

G種・V種のOリングを交換する場合、G種はガスケットとして使われていますので、Oリングが入る溝のゴミやさびなどを完全に除去する必要があります。G種のOリングは、Oリングの丸みを潰して密封することで密閉状態を維持しています。どのくらいつぶすのかをOリングのつぶし代と呼び、ガスケットとしてかかる圧力によりつぶし代が変わります。通常20%〜30%前後でつぶし代を調整しています。

つぶし代を考える

つぶし代は、Oリングの線径（Oリングの断面）とOリングが入る溝の深さで決まりますので、線径や溝の中に異物があるとつぶし代が変わり漏れの原因になります。Oリングの交換時には装着面をよく洗浄する必要があります。洗浄は通常、洗い油などの鉱物油か石油などで洗浄し、洗浄した後に脱脂する必要があります。

脱脂の目的は、洗い油などの除去です。洗い油が残っていたままOリングを装着すると、洗い油とOリングの種類によってはOリングの膨潤などを引き起こし、圧力がかかったときにOリングの破損につながる場合があります。Oリングが膨潤すると、弾性体が本来もつ硬さが損なわれて軟らかくなり、圧力によりOリングが接合面のすき間に入り、ちぎれる可能性があります。

P種Oリングの交換時の注意

P種のOリングは往復運動をする摺動部分に使用されています。そのため、Oリングには摩耗が起こります。Oリングの摩耗をできるだけ少なくするには、接触面を平滑にすることが重要です。シリンダの内面をよく確認し、傷などがある場合には研削加工などで除去します。

P種のOリングをピストン部に装着した後、シリンダにピストンを挿入するときは、シリンダ先端部のテーパ部に傷などがないか確認してから、ピストンに専用潤滑油を塗ったあと挿入します。

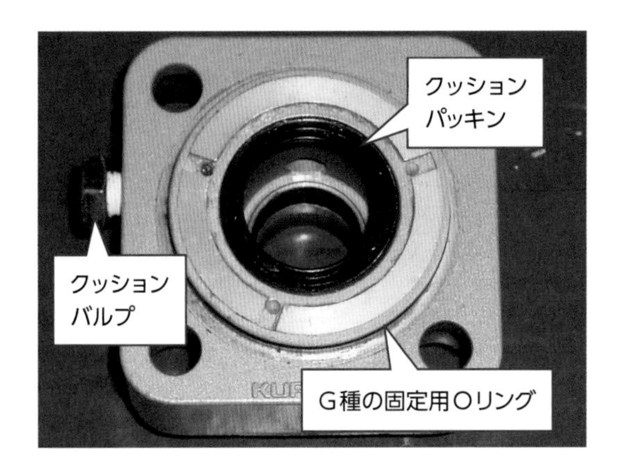

クッションバルプのOリング

エアシリンダのクッションバルプにも、固定用Oリングが使われています。Oリングはガスケットとして使われるので、G種が使用されます。

Oリングをつぶして密封する

油圧シリンダを固定する部分のパッキン部です。パッキンのつぶし代で油圧作動油を外部に漏らさない構造になっています。
パッキン類だけで固定する場合、油圧の耐圧は7MPaが限界になっています。これ以上の圧力にする場合は、バックアップリングとの組み合わせにする必要があります。

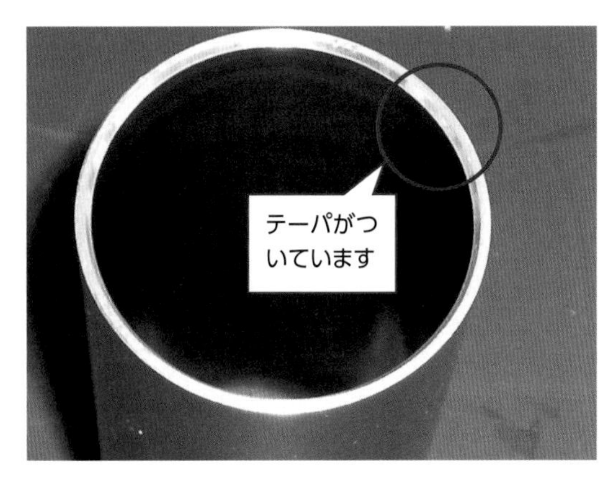

エアシリンダのシリンダ先端部

Oリングは、シリンダ先端部のテーパ状になっている部分に縮めながら装着します。したがって、シリンダのテーパ上に傷などがあると、Oリングが損傷してしまいます。また、シリンダ先端部のテーパ部に傷などがあると、ピストンを挿入した時点でOリングに傷を付けてしまうことになります。

▶ Oリングの潤滑油選びの重要性

シリンダ先端のテーパ部に傷などがあると、ピストンを挿入した瞬間、Oリングに傷をつけてしまうことになります。Oリングに傷がついた状態では、内部の圧力などを保持できなくなるおそれがあります。Oリングに塗る潤滑油は通常、オイルかグリスになりますが、専用のオイルやグリスを塗ることが必要です。適切でないオイルやグリスを塗ってしまうと、Oリングの膨潤や摩耗を促進してしまうことがあります。

Oリングの損傷事例

弾性体のOリングが損傷する要因は数多くありますが、ここでは代表歴な事例を中心に説明したいと思います。

モジュール弁からの油漏れ

油圧装置で使われているモジュール弁から油が漏れたため、モジュール弁を洗浄油で洗浄し、新しいOリングを装着して設備を稼働させました。当初は故障がなかったのですが、しばらくすると再び油漏れを起こしました。

モジュール弁を分解すると、Oリングが膨潤して潰された状態で出てきました。原因は、洗浄油で洗浄した後に脱脂をせずに組み付けを行ったことだと分かりました。脱脂を行い油圧装置で使われている作動油をOリングに塗り、再び組み付けたところ、漏れなどはなくなった様子でした。溝に残っていた洗浄油がOリングを膨潤させた様子でした。

バックアップリングを逆に装着

油圧装置に使われている設備で、定期的なメンテナンスが行われました。メンテナンス後に高圧がかかる部分から油漏れが起こりました。再度分解をしたところ、バックアップリングを逆に組み付けていることがわかり、正規に組み付けると漏れがなくなりました。

熱の影響でOリングが変形

内燃機関の中に組み込まれている、エンジンオイルを供給するオイルポンプの接合部分にOリングが使われていました。Oリングに直接エンジンの熱影響がある部分です。エンジンオイルが漏れ始めたため分解して状態を確認してみたところ、Oリングが変形してつぶし代がない状態でした。そこで、耐熱性のフッ素ゴムのOリングに変更しました。

切替えバルブ内面の傷によりOリングが損傷

薬品を流している切替えバルブから、薬品が漏れるようになりました。Oリングを交換しましたが、数週間後にまた漏れが起こりました。バルブは外国からの輸入品で納入までに数カ月かかるということなので、切替えバルブを修理することになりました。

切替えバルブの内部を確認するとバルブ内面に傷があり、この傷がOリングを削っていることが分かりました。バルブの内径は約10mmと小径でしたので、車両整備で使用するブレーキの油圧シリンダ（ホイルシリンダ）の修正ブラシで修正しました。傷などは完全になくなり、切替えバルブから薬品が漏れることもなくなりました。

Oリングの膨潤

Oリングが膨潤し、接合面からOリングがはみ出してしまった様子です。
Oリングに接触する物質により、使用するべきOリングの材質が異なります。洗浄する場合にも注意が必要です。

バックアップリングの向き間違い

Oリングに切り傷があり、弾性体の一部が削れてしまっていました。バックアップリングをつける方向を間違えたことによって傷がついてしまいました。
バックアップリングは、圧力のかかる反対側に取り付けます。

Oリングの熱変形

熱によりOリングが変形してしまい、ゴムの弾性がなくなっていました。Oリングが損傷すると、エンジンオイルの油圧が低下してエンジンの損傷につながってしまいます。

バルブ内部の傷による損傷

バルブ内の傷により、Oリングが削られていました。バルブを交換するのではなく修理することになったため、バルブ内部の異常に気が付くことができました。

オイルシールの種類と特徴

使われる個所によって選択される

オイルシールが使用されるのは、機械の回転軸と内部の軸受などを密封するところです。オイルシールは内部の潤滑油や薬品、水などが外部に漏れることのないように、また外部から粉塵やゴミ、水などを侵入させないようにするための部品です。

生産機械や航空機、車両などに数多くのオイルシールが使用されており、使われる個所によって適したオイルシールを選択する必要があります。オイルシールの性能を発揮するには、軸とオイルシールが接触する軸側の表面状態に影響を受けます。軸は絶えず回転しており、摩擦と摩耗が繰り返されますので、軸表面の表面粗さが小さいほどオイルシールの寿命は延びていきます。

オイルシールの構造

オイルシールは、ハウジングと接触するはめ合い部分は金属製の環状でつくられており、この環状でハウジングに固定します。回転軸と接触するリップシール部分は先端がくさび状になっており、先端部分で軸表面を押しつけて密封しています。リップシール部分にばねをはめている種類もあり、このばね力で軸への圧迫力を高めて長期間維持できるようになっています。

リップシール部分が摩耗して圧迫力が弱くなると、オイルシールから漏れが始まります。通常、使用されるオイルシールは、①ばねの有無、②外周面の状態、③ダストリップの有無などにより分けられます。

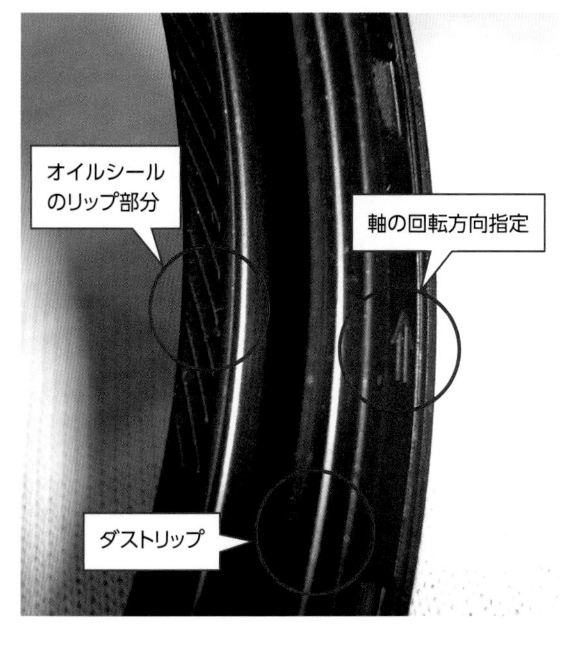

オイルシールのリップ部分には、オイルを止める役割があります。らせん状の筋は、オイルが軸とリップ部に漏れた場合、オイルを内部に引き込むようにするためです。写真のように、軸の回転方向を指定しているオイルシールもあります。オイルシールのダストリップは、外部からゴミなどが侵入するのを防止する役割があります。

外周面の状態による違い

オイルシールの外周に使われている環状金属が、ゴムで覆われているか覆われていないかによって種類が分かれています。ゴムで覆われているタイプは、ハウジングがアルミニウムで傷が付きやすい場合や、腐食のおそれがある場合に使用されます。

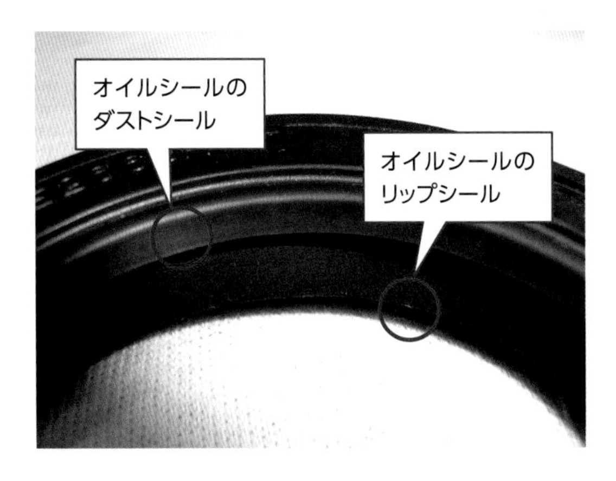

ダストシールとリップシールの取り付け

オイルシールを取り付ける時に、ダストシールとリップシールの間に潤滑油や潤滑グリスを塗布してから組み付けます。潤滑油を塗布することで、オイルシールの摩耗を防ぐことができます。

▶ オイルシールの選択

オイルシールを選択する場合には、構造の違いなどを考慮に入れて選択することになりますが、環境によって特殊なオイルシールを使用する場合もあります。たとえば、リップシール部にねじ状の溝を付けて、軸の右回転、あるいは左回転専用のオイルシールがあります。また、リップシール部にねじ状の溝を付けることで、少量のオイルが漏れ始めたときに、内部にオイルを引き込む仕組みになっているものもあります。

こうした特殊なオイルシールを使用する場面としては、近くに油が付着しては困るような部品がある場合が考えられます。たとえば、クラッチ、ブレーキ、タイミングベルトなどがある場所で使用することが多くなっています。回転方向を指定するオイルシールが使われていない場合には、恒久的措置として、このオイルシールを装着することが可能な場合もあります。

オイルシールの交換方法

オイルシールの交換時の注意

機械に装着されているオイルシールを交換する場合、二通りの状況が考えられます。①軸と一緒にオイルシールが装着されている場合と、②ハウジングにオイルシールが装着されている場合です。

軸と一緒のオイルシールを取り外す

軸と一緒にオイルシールが装着されている場合、軸に傷を付けないように取り外す必要があります。取り外し方として、よくマイナスドライバーを軸とオイルシールの接触面に差し込むシーンを見かけます。しかし、もし軸に傷を付けてしまうと、オイル漏れが止まらなくなります。

オイルシールが装着されているときには、必ずハウジングの上側にマイナスドライバーを差し込みます。これは、ハウジングを傷つけないようにするためです。万が一ハウジングに傷を付けてしまった場合、内部にオイルなどが入っていると、油漏れを引き起こす可能性があります。できる限り、ハウジング面に傷を付けないように取り外す必要があります。

ハウジングに装着したオイルシールの取り外し方

ハウジング単体にオイルシールが装着されている場合、銅棒で裏から叩き出すか、テコの原理を利用してマイナスドライバーで取り外すことができます。

写真は、オイルシールを取り外す工具を使用して、オイルシールを交換している様子です。バイクのフロントフォークにあるオイルシール工具を使用して取り外します。写真は、テコの原理を利用してオイルシールを取り外すやり方です。ここではオイルシールを取り外す専用工具を使用していますが、銅合金の棒で裏側から叩いて取り外すことも可能です。

オイルシールの再利用

原則として、一度取り外したオイルシールなどは再使用不可になりますが、オイルシールのリップシール部に傷を付けないように取り外すと、再使用できる場合があります。ただし、基本的には新しいオイルシールを用意してから取り外しましょう。

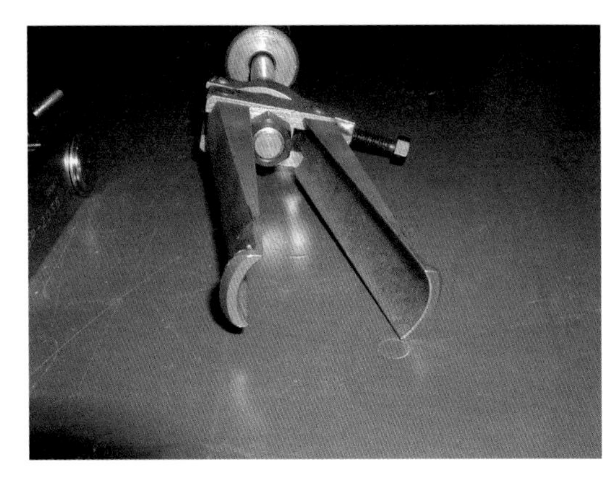

軸とハウジング一体型のオイルシール

軸とハウジングが一緒になっているオイルシールを取り外すときは、軸に傷を付けないように行います。軸とオイルシールのすき間に車両整備工具の内径用ベアリングプーラーとスライドハンマーを組み合わせて、オイルシールを取り外すことができます。

▶ オイルシール装着時には軸の傷を必ず確認

オイルシールのリップシールとダストシールの間に少量のグリスを塗り、ハウジングに組み付けます。軸がある場合には、リップシールを傷つけないようにして、ハウジングと同じ程度の面になるように、プラスチックハンマなどで打ち込みます。オイルシールの種類によっては、回転方向が指定されている場合や表と裏の見分けがつかないオイルシールがあります。必ずオイルシールをよく確認し見分けることが必要です。

オイルシールの交換はそれほど難しい作業ではありませんが、絶対に軸を傷つけないことが重要です。オイルシールを装着するときは軸の傷などの確認を行います。軸にさびなどがある場合には、耐水研磨紙に油を付けて磨き、さびを除去します。また、軸の曲がりや振れがある場合には、オイルシールのリップシールの早期摩耗につながります。

オイルシールの損傷事例

ゴムの劣化に注意

オイルシールの損傷はさまざまな原因で起こります。ここでは、いくつかの損傷事例を紹介していきます。

まずは、オイルシールが熱の影響でリップシール部にゴムの劣化（クラック）を起こしてしまった事例です。ゴムの劣化は、オイルシールの膨潤か、ゴムが硬くなってクラックを起こしてしまった結果起こります。膨潤が起こるのはオイルシールが高熱にさらされる場合であり、オイルシールの材質を変更することが必要です。耐熱用には、フッ素ゴムなどのオイルシールが使用される場合が多いです。

また、オイルシールのリップシール部の摩耗により、内部からオイル漏れを起こしていた事例もあります。オイルシールのゴムの弾性は十分にあったのですが、リップ部の摩耗がオイル漏れの原因でした。軸側を確認すると軸表面に無数の傷があり、この傷によりオイルシールが早期にオイル漏れを起こしていました。そこで、細かな研磨紙にオイルを付けて、軸表面の傷を修正し新しいオイルシールを装着しました。オイルシールは、約0.7kg/cm^{2}しか圧力を止めることができません。オイルシール内側の圧力が高くなる要素があると漏れる可能性があります。

オイルシールからギヤオイルが漏れています。このような状況では、オイルシールのリップシールが摩耗しているおそれがあります。あるいは、内部の圧力が高くなっているおそれがあります。

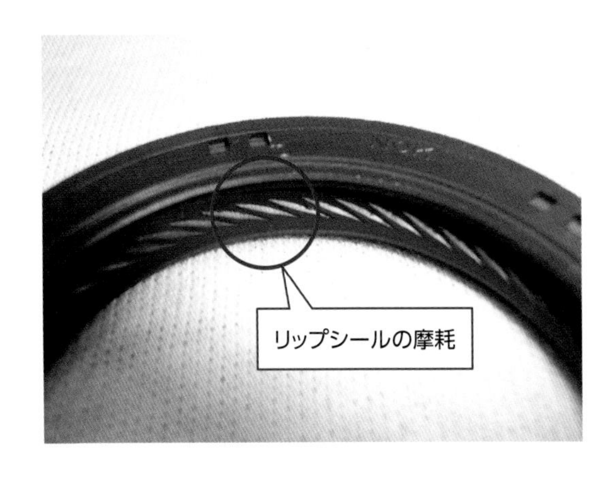

リップシールの摩耗

オイルシールのリップ部が摩耗して、オイルが漏れていました。リップシールが接触する軸部分をよく確認して、傷や軸表面状態をよく確認します。傷などがある場合、オイルシールのリップシールは早期に摩耗してしまいます。

オイルシールのひび割れ

オイルシールのゴム部分がひび割れを起こし、オイルが漏れていました。オイルの温度を高温に状態で使用していたため、熱によるリップシール部の劣化を起こしゴムの弾性がなくなりプラスチックのように硬化していました。

▶ ギヤオイル漏れの原因

減速機などのオイルシールからギヤオイルなどが漏れている場合、原因は3つ考えられます。1つ目は、軸がオイルシールと接触する部分の表面状態が悪く、オイルシールのリップシールが摩耗してギヤオイルが漏れてしまうことです。2つ目は、減速機が稼働している場合、内部でギヤオイルが攪拌されていると内部の内圧が上昇していくことです。オイルシールの耐圧は新品でも約0.7kg/cm^{2}で、使用している状態では、リップシールの摩耗も考慮すると耐圧はほとんどゼロになっています。この原因として、内圧を抜くプリーザーなどのつまりが考えられます。3つ目は、オイルシールを長期間使用しているため、リップシールなどの摩耗によりギヤオイルが漏れていることです。これはオイルシールの寿命ですので、交換が必要になります。

パッキンの種類と特徴

パッキンの種類

パッキンはシール部がリップ状になっており、圧力がかかるとリップ部が摺動面と密着し内部の圧力を保持する役割をします。

このようなパッキンをリップパッキンと呼び、油圧用・空気圧用のピストンやロッドなどによく使われています。リップパッキンの種類は断面形状により、①Uパッキン、②Vパッキン、③Lパッキン、④Jパッキンなどの区別があります。断面が名前の通りU字型やV字型になっていますので区別しやすいのですが、種類ごとに使用する条件が異なります。

それぞれのパッキンの役割

Uパッキンは油圧や空気圧用のピストン部やロット部に使用されています。シール性や摺動面に対する抵抗も少ないため、内径摺動用、外形摺動用のUパッキンもあります。また、Uパッキン1個で液体をシールできるため、車両などの油圧ブレーキなどにも使われます。

Vパッキンは、断面形状がV形になっています。通常Vパッキンを数枚重ねて使用することで、漏れを少なくできます。使用する圧力が上がるのに合わせて枚数を重ねることで、高圧でも使用できますが、重ねたVパッキンを抑える力を調整する必要があります。

LパッキンやJパッキンは断面形状がLやJになっています。Uパッキン同様、空気圧、水圧、油圧などを利用した装置で使用していますが、ピストンスピードをあまり高速にできないという欠点があります。通常、ピストンスピードが0.1mm/s以下の場所で使われます。

( )のすべてのカ所にOリング、Uパッキンなどの密封装置が付く

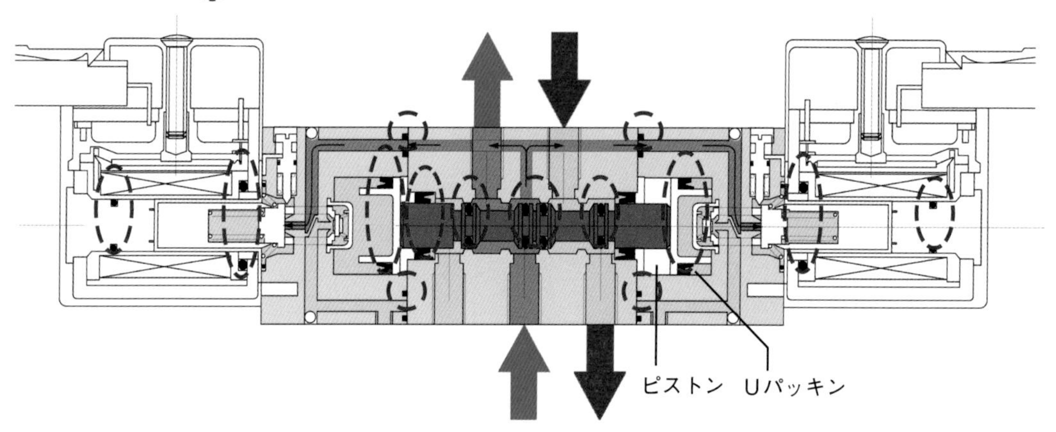

エアシリンダのVパッキン

Vパッキンが2個つく場合には、Vパッキンの向きが対称になっているかどうか注意が必要です。圧縮空気の圧力に応じて、Vパッキンのリップ部がシリンダ内面に密着します。シリンダにピストンを組み付けるとき、Vパッキンに傷などを付けないように注意する必要があります。

ベアリングケースからのグリス漏れ

圧延ローラーのベアリングケースからグリスがにじんでいました。Oリングなどのパッキンではなく、液体パッキンが使われています。ベアリングの状態やグリスなどの状態を長らく確認しておらず、液体パッキンの劣化によりグリスの油分が漏れていた状態でした。内部を洗浄し、グリスと液体パッキンを新品に取り替える必要があります。

液体パッキンの塗布

ベアリングケースのカバーに、ベアリンググリスに耐候性がある液体パッキンを塗布して組み付けました。液体パッキンには、使用する用途に応じて種類が異なります。不適切なものを選択すると、液体パッキンが劣化してグリスが外部に漏れる恐れがあります。オイルやグリスなどに耐候性がある液体パッキンを選択して組み付けました。

ユニオンパッキンの劣化によるエア漏れ

空気圧配管からエア漏れがある場合は、ユニオン部のパッキンが劣化したことが原因である場合がほとんどです。ユニオンパッキンは紙でできているため、経年劣化が起こります。定期的に交換する必要があります。圧縮空気に水分が多くある場合は、ユニオンパッキンが劣化しやすいため注意が必要です。

パッキンの交換方法

パッキン交換時の注意点

パッキングから油漏れや、圧力が保持できない場合には、パッキンなどの交換を行います。U・V・L・Jパッキンは摺動面を動くため、摩耗が起こります。摺動面の表面粗さが悪いとパッキンの寿命が短くなりますので、摺動面の状態をよく確認する必要があります。

また、パッキンが摺動する面の潤滑もパッキンを交換するときの大切な注意点になります。工場で製造される製品の品質に対して、パッキンにどの種類の潤滑油を使用するのか考慮する必要があります。食品や医薬品などを製造している設備では、空気圧装置などに組み込まれるパッキンや潤滑材は製品の品質に影響しないものが選択されています。

Uパッキンは装着時に方向を必ず確認

Uパッキンは圧力がかかると摺動面に密着した状態でシールする仕組みになっています。Uパッキンを交換して装着するときには正しい向きがあることに注意して、ピストンに組み付けます。また、ピストンに装着したUパッキンをシリンダに組み付けるときは、Uパッキンのリップシールに傷をつけないように組み付けることが必要です。

Uパッキンの摺動面に接触する状態

①

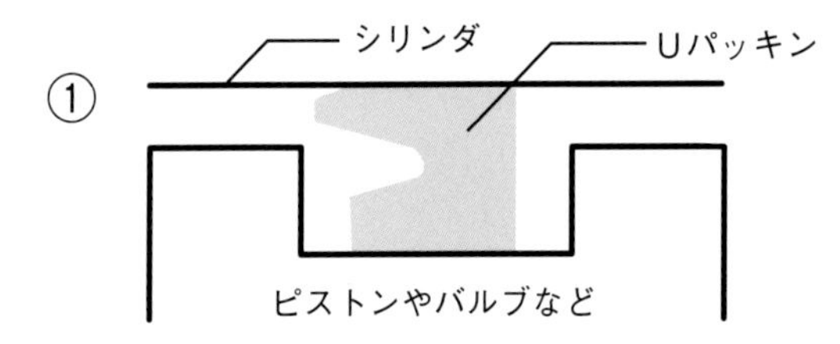

圧縮空気や油などに圧力がない状態です。Uパッキンはシリンダとピストンやバルブに軽く接触しています。

②

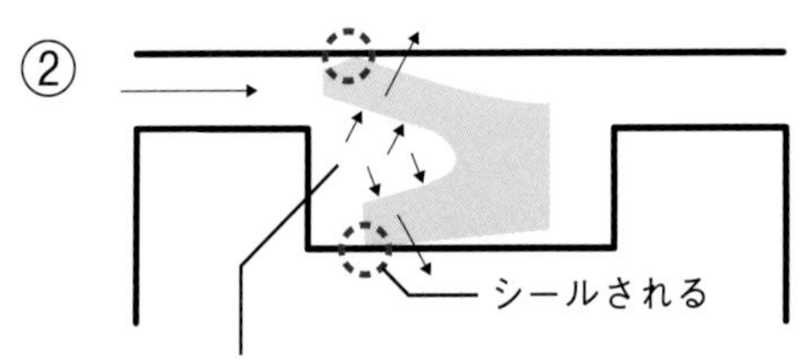

Uパッキンの内側から圧力がかかり、外側に広がります

圧縮空気や油などに圧力が左側（矢印のように）からかかると、Uパッキンの内側に圧力が加わりUパッキンが外側に広がります。そのためシリンダとピストンバルブなどが密封され、シールができるようになります。

③

シールされない

圧縮空気や油などに圧力が右側矢印のようにかかると、Uパッキンの外側から圧力が加わります。Uパッキンが内側に収縮され、シリンダとピストン・バルブなどが密封されなくなり、シールできない状態になります。

Vパッキン交換時の注意

Vパッキンを交換する場合、密封する部分に傷などをつけないようにします。使用用途に応じたパッキンの材質や挿入工具、装着方法などを考慮して取り付けます。特に圧力がかかるパッキンなどは、傷などを付けないように適切な治具を使用して組み付けます。

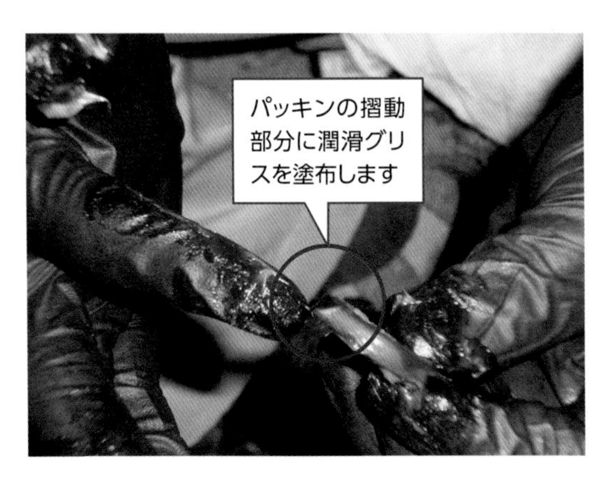

グリスの塗布

エアシリンダのパッキンを組み付ける前に、パッキンの材質に合ったグリスを塗布します。パッキンの摺動部分の摩擦を少なくする効果があります。パッキンの材質は、通常弾性部品でできています。そのため、パッキンが膨潤や変形など劣化を起こさないグリスを選択する必要があります。

パッキンの取り付けの様子

エアシリンダのピストンロットパッキンをエアシリンダヘッド部分に組み込んでいます。VパッキンやUパッキンなどは、組み付ける方向が必ず決まっています。圧力がかかる方向に、パッキンのU・Vを向けるように組み付けます。また、パッキンを組み付ける時に傷などを付けないように気をつけることが必要です。

装着時の注意

どのパッキンがどの方向で組み付けるのが正しいか、必ず確認をしてから装着します。一度パッキンなどを間違えて組み付けてしまうと、取り外す時にパッキンに傷をつけてしまう恐れがあります。傷をつけるとエア漏れを起こす場合があります。

第10章 「軸・軸接手」と保全作業

10-1 KIKAI-HOZEN

軸とは

軸にはどんな種類があるのか

軸には、動力や伝達トルクを伝えることと荷重や重量を支えることの、2つの機能が要求されます。動力や伝達トルクを伝達するものでは、軸にプーリ、ギヤ、スプロケットなどを組み合わせて動力伝達を行うか、軸継手を軸に接続して動力を伝達します。

このほか、荷重や重量を支える軸としては、車輪などを支える軸があります。軸には作用される動力伝達に対して十分に耐えることが求められています。動力伝達では、ねじりを受ける場合と曲げを受ける場合、ねじりと曲げの両方を受ける場合の三通りの荷重に耐えることが必要になります。この荷重に耐えるためには、軸の材質が大変重要です。軸は、ねじり、曲げ、じん性に対して十分に強度がなければなりません。また、プーリやギヤなどが入る軸においては十分な耐摩耗性があり、振動や繰返し荷重に対して金属疲労を起こさないことなどが求められます。

軸に求められる保全管理

軸に求められる保全管理では、通常、曲がり、亀裂、はめ合い面の摩耗腐食などが点検項目になります。曲がりの点検では、ダイヤルゲージなどで軸自体の曲がりと振れを測定する必要があります。軸が基準値を超えて振れていた場合、繰返し荷重がかかり、軸の損傷につながります。

また、軸の損傷と同時に軸を支えている軸受自体の損傷も同時に発生する可能性が高くなります。通常、軸径によって許容される最大の曲がりが定められていますので、必ず規定以下になっていることが必要です。

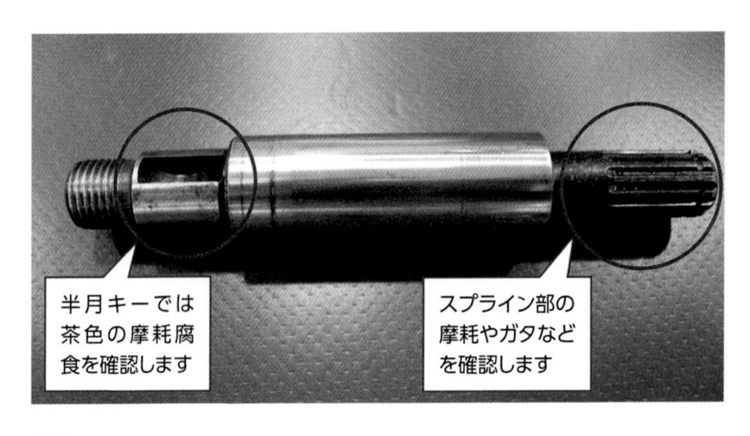

油圧ポンプの軸の写真です。軸には半月キーとスプラインがついています。半月キーは、ベルトで駆動されたプーリから動力が伝達されます。スプラインは油圧ポンプを駆動しています。軸については、曲がりや摩耗をよく点検します。

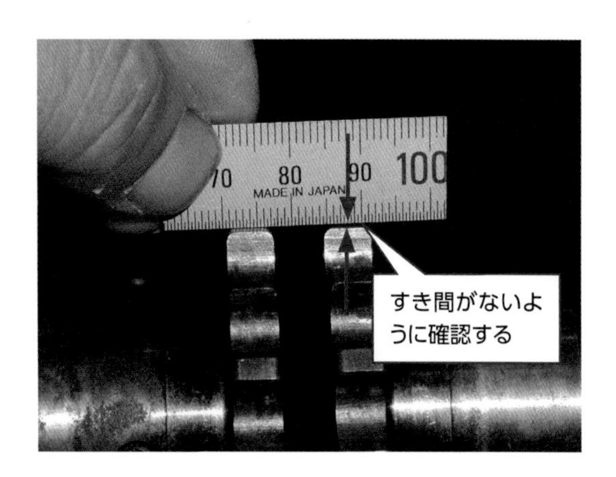

チェーンカップリングの軸心調整の事例

金尺などのエッジを利用しながら、高さ・左右の調整を行います。ほかの軸継手でも、この方法である程度の軸心調整が可能です。

ダイヤルゲージで調整

金尺による調整後、基準値以内で調整されているかどうかを見るために、ダイヤルゲージで左右の振れ、上下の高さを確認します。ダイヤルゲージでミスアライメントを調整することで、定量的に基準を把握できます。

スプロケットの精度確認

軸心調整を行う前に、チェーンカップリングのスプロケットについて軸穴加工精度を確認する必要があります。スプロケットが1／100mmの精度で正確に加工されていないと、チェーンカップリングの軸心調整ができません。まずダイヤルゲージでスプロケット単体の精度を確認する必要があります。

▶ 軸心の調整

軸には必ず軸継手があります。軸継手を接続する場合、軸径や軸継手の種類により軸心の調整精度は異なりますが、できる限り軸心同士が同一直線状にあるようにします。軸心がずれていると、軸に繰返し荷重が絶えずかかり、損傷につながります。調整は、高さや左右の振れをダイヤルゲージで確認しながら行います。シム板の組み合わせで高さを調整し、左右の振れは軸を回転させながら基準値以内になるよう調整します。

軸の種類と特徴

軸にはどんな種類があるのか

軸の種類を大別すると、伝動軸、車軸、スピンドル、クランク軸、たわみ軸などに区別されます。また、軸にかかる荷重により曲げ荷重用の軸とねじり荷重用の軸に分けられることが多く、軸受やプーリなどの設置場所も考慮に入れて軸の種類を選択する必要があります。

伝動軸は、回転動力を伝達する目的で使用されます。動力が軸に伝わるときにねじりの力や軸の自重がかかるため、軸が曲げられる力、軸が引っ張られる力や圧縮される力も軸にかかる場合があります。

いろいろな軸の特徴

車軸は、車両などの車輪を支える軸として一般的に用いられています。車軸には、動力を伝達するものと、車体を支えているだけのものがあります。

動力を伝達する車軸は、ねじりの力と曲げの力の両方の力が働くほか、路面の状態により、引張り・圧縮などの複合的な力がかかる可能性があります。そのため、車軸には複合的な力がかかっても損傷しない機能が必要になります。スピンドルは、旋盤などの工作機械によく用いられています。工作機械に用いられるため、高精度で、切削作業のとき主にねじりの力が働いても変形量が少ないこと、すなわち剛性が高いものが必要になります。

クランク軸は、内燃機関に用いられている往復運動を回転運動に変える目的の軸で、この逆も利用されています。内燃機関以外にも幅広く使われています。また、クランク軸が1回転する間に、ねじり、曲がりなどを含めて複合的な力がクランク軸にかかります。

クランク軸が高速で回転する場合には、振動が起きないようにバランスを調整する必要があります。たわみ軸は、ねじりに対する剛性は非常に大きいのですが、曲げに対する剛性は非常に小さく自由に曲げることができます。通常使用されているたわみ軸は、単に回転を伝えるだけの機構に用いられています。また、歯車伝達の代替として用いられている場合もあります。

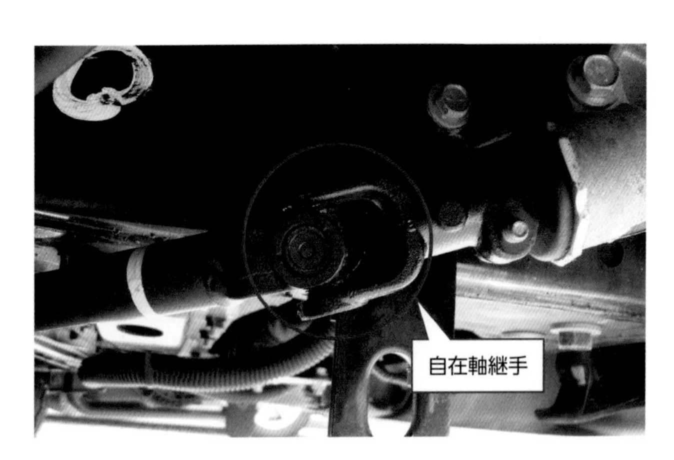

たわみ軸の自在軸継手

写真は小型トラックのステアリング装置の自在軸継手です。回転の力を軸と自在軸継手を通して伝達する軸です。軸自体を伝達するときのねじれの剛性が非常に高いため、大きなトルクを伝達できます。

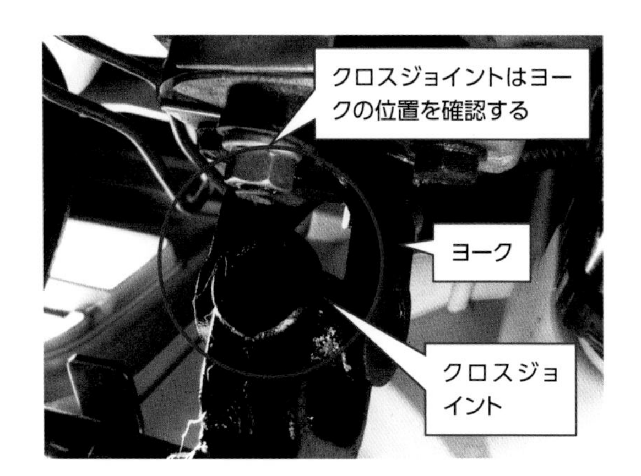

クロスジョイントの組み付け

必ずヨークの位置を左右同じにして組み付けます。ヨークの位置が左右で違う位置になっていると、クロスジョイントを介して軸が回転する時に、スムーズに回転が伝達できなくなり、クロスジョイントの損傷につながります。

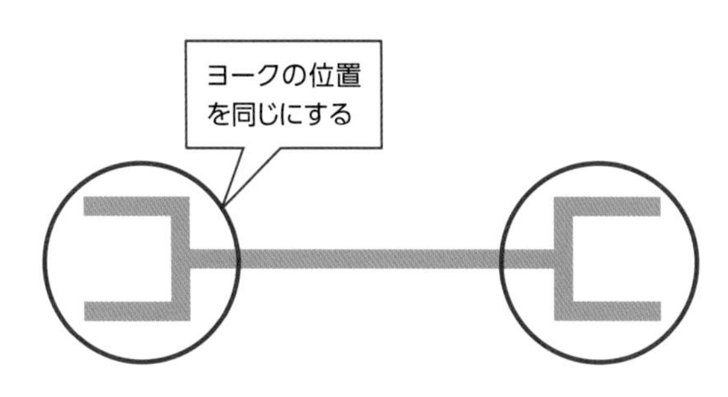

ヨークの位置

自在継手として使用している場合、軸にあるヨークは左右同じ位置に取り付けます。もしヨークが左右対称でない場合、自在継手が曲がらない方向に曲げるため、回転を伝える伝達が同じ回転速度で回転しなくなり、クロスジョイントの破損につながる原因になります。

▶ 各軸に応じたはめ合い基準

各軸に応じた軸のはめ合い基準があり、軸の外形を基準にしている軸基準はめ合いと、軸に挿入されるスプロケットやプーリなどの内径を基準にしている穴基準はめ合いがあります。さらに穴基準には締まりばめ、中間ばめ、すきまばめの３種類のはめ合い基準があります。

締まりばめは、軸を回転する条件が非常に厳しい場合（高トルク、正転逆転）に用いられる軸に用いられます。また、軸にスプロケットやプーリなどを挿入する場合には、油圧プレスなどで挿入する方法が用いられます。中間ばめは、軸からスプロケットやプーリなどが比較的容易に取り外しできる場所に用いられます。また、運転条件も比較的きびしくない場合に用いられます。すきまばめは取り外しが容易な場所に用いられるため、軸とスプロケットやプーリなどの交換作業が容易にできます。軸には軸専用のはめ合い基準があり、軸受には軸受専用のはめ合い基準があります。機械設備を組み立てるときには、これらを考慮することが必要です。

軸の修繕・整備とは

軸の分解・修理

軸からスプロケットやプーリ・ギヤなどを分解するときには、軸の軸基準のはめ合い寸法と穴基準のはめ合い寸法を確認する必要があります。特に締まりばめで軸とスプロケットやギヤなどが固定されている場合には、ギヤプーラだけでは取り外しが困難な場合がほとんどです。安全かつ確実に分解するためには、油圧プレスで行うことになります。

穴側の部品（ギヤ、スプロケット、プーリ）を温めて穴を膨張させてから軸に挿入すると、軸側を冷却し軸の外径を収縮させて穴側の部品に挿入する方法があります。ここでは油圧プレスで作業をする方法を重点的に説明します。

油圧プレスによる軸の取り外し

締まりばめの穴側部品を軸から取り外すときには、ハンマなどで叩いて取り外す方法もありますが、部品を破損する場合があるので、油圧プレスで大きな力でゆっくり外すこともあります。油圧プレスに取り外す部品をセットするときには、油圧プレスの軸と取り外す部品の軸が必ず垂直になるように設置します。油圧プレスに対して斜めにセットした場合、そのまま力をかけるとセットした部品が飛び出す場合があり大変危険です。また、斜めにセットすると軸を曲げてしまう可能性もあります。

油圧プレスについている圧力計の目盛を確認しながら、ハンドルを操作します。締まりばめのはめ合い寸法の大きさによって油圧プレスにかかる力は異なりますが、ゆっくりと力をかけていくことが大切です。急に圧力をかけると、軸や穴側の部品を損傷してしまうことがあります。また、穴側部品が軸から外れたとき、軸が落下して軸が損傷することを防止するため、部品の落下場所にウエスを重ねたものを敷いておくことが必要です。取り外した後は、軸と穴側の部品に摩耗腐食が発生していないか、軸の曲がりがないかよく確認します。

ギヤを軸から取り外す

締まりばめで固定されているギヤを軸から取り外すときには、通常油圧プレスを用います。ギヤプーラでは、取り外しが困難な場合が多いです。

油圧プレスで作業するときには、圧力計の針を確認し、ゆっくりとハンドルを動かしながら圧力をかけていきます。ギヤが軸から抜け始めたら、油圧計の目盛が少しずつ下がることを確認しながらハンドルを操作します。

締まりばめの軸へギヤ組付け

締まりばめの軸にギヤを組み付ける場合、油圧プレスを使用しながら挿入します。このとき、軸と穴の間にゴミなどがないようにして組み付けることが必要です。また、二硫化モリブデンなどのペーストを塗りながら組み付けると、かじりの発生を防止できます。

ダイヤルゲージで軸の曲がりを確認

軸継手やプーリなどを取り付ける前に、電動機の軸が曲がっていないかどうか、ダイヤルゲージを使用して確認します。キーがある場合は、キーをよけて軸を1周させることでも軸の曲がりがわかります。測定する場合は、軸の端面付近と中央を測定します。振れの限度は、0.01mm以下です。

▶ 軸を穴側の部品へ取り付ける

締まりばめの軸を穴側の部品に取り付けるときは、最初にゴミなどの異物をウエスなどで取り除く必要があります。ゴミなどがあると軸と穴側の部品の間に入り、かじりの原因になります。軸に二硫化モリブデンなどのペーストを塗ると、かじりの防止になります。

軸と穴側の部品を油圧プレスにセットしてゆっくりと力を加えます。軸が挿入中のときは油圧プレスの圧力計の針はゼロを示していますが、穴側の部品が規定の場所まで挿入され動かなくなると、圧力計の針は上昇しきって下がらなくなることを確認します。このことを確認できれば、軸の組立は完成です。油圧プレスを使用しながら、軸からギヤなどの部品を脱着する場合に注意することは、軸、ギヤ、プーリを変形させないようにすることです。変形させないためには、挿入用治具を用意して軸に垂直に力をかけていく必要があります。

軸継手とは

軸継手の役割

軸継手は動力を伝達するために、軸と減速機やクラッチなどを接続する部分に用いられる部品です。長い伝動軸を使わなければならないときに、運搬しやすい長さにされた軸を接続し、設備を組み立てるときにも使われます。製品の品質や使用環境などが軸継手に影響を及ぼすときは、軸継手の種類を適切に選択し、製造設備をつくっていく必要があります。

軸継手の使われ方はさまざまですが、用途に合った使い方をしないと、軸の折損や破損だけでなく、製造される製品の品質低下にもつながります。このほか、軸と軸継手を一体化した自在軸継手や等速ジョイント、ユニバーサルジョイントを用いた不等速ジョイントなどがあります。

求められる動力伝達によって軸継手を選択

動力伝達として使用される軸継手の場合には、通常使用される軸継手が使用されています。軸に動力伝達される負荷の大きさや動力を伝達する軸の回転数の増速減速、または回転の正転逆転の頻度などによって、求められる動力伝達についての機能が違います。したがって、求められる機能を満たす軸継手が選択されます。

また、軸の動力伝達に精度を必要とする場合もあります。動力伝達の精度は、軸に負荷を加えながら動力を伝達する場合や、軸を高速で回転させながら回転数を変化させる場合には、軸と軸継手はねじれによる伝達の遅れが発生し、製品の品質に影響を与えます。

さらに、回転数の測定に対しても影響を与える場合があります。このような場合、軸継手には高速で回転する軸が増速減速しても、必ず軸に追従できる機能が要求されます。精度が要求されるところには、専用の軸継手が用意されています。

フランジカップリングは、高荷重に適した軸継手です。高荷重が軸継手に加わるためリーマボルトを使い、1組のフランジカップリングを接合します。また、リーマボルトの外径とフランジカップリングの穴径がしっかりと接合されるようにつくられています。フランジカップリングと専用ボルト（リーマボルト）軸とフランジカップリングをリーマボルトで完全に固定することによって、ねじれやバックラッシュなどの発生を抑制できます。

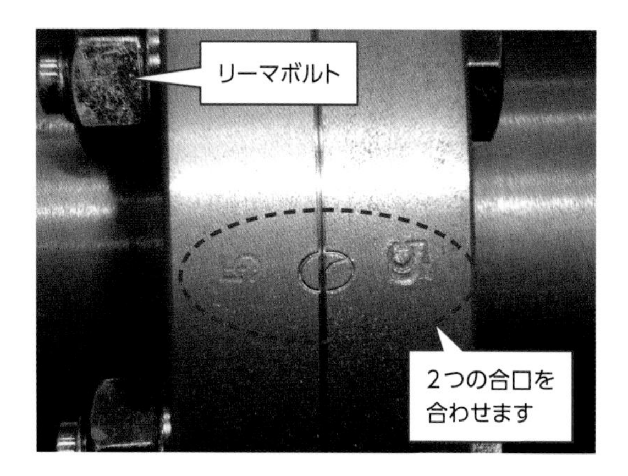

合いマークがあるフランジカップリング

フランジカップリングには、合いマークがあるタイプがあります。軸心調整後、合いマークを合わせてリーマボルトを入れます。締結する個所を指定しているリーマボルトもあります。

フランジカップリングは2個1セットで使用されます。記号が刻印されている部分を合わせて、リーマボルトをフランジカップリングに挿入して締結します。

チェーンカップリング

油圧ポンプとモータを接続し、動力を伝達する部品です。軸継手を選択するには、動力を伝達するときの負荷の大きさやねじれ、分解・組立のしやすさなどを考慮します。また、製品に対して品質の影響を考慮に入れて軸継手を選別、設置することも必要です。

▶ 製品の安定に軸継手が影響

飲料用のビンを製造している会社で、製品の品質が安定しないという悩みがありました。ビンに飲料物を入れると、飲料物の高さが一定にならないのです。飲料物の量は正確に計量されており、ガラスの厚さが不均一であることが原因だと分かりました。

設備を確認していると、ビンの金型を回転させる軸にNC工作機械などで用いる軸継手が使用されていました。金型を高速で回転するため、軸にねじれなどを発生させないために、高精度の軸継手が使用されています。軸継手の不良が製品の品質に影響を与えていると考え新品に交換すると、製品の品質が安定しました。高速で回転させている金型が、ねじれのために回転が遅れ、品質に影響が出ていたのでした。金型を回転させている軸継手はこれまで長期間交換されていなかったのですが、製品の品質を安定させるため、使用期間を決めて定期的に交換することにしました。軸に動力を伝達するだけと思われがちな軸継手ですが、軸に要求される機能を把握して保守管理する必要があります。

軸継手の種類と特徴

軸継手にはどんな種類があるのか

軸継手を大別すると、固定軸継手、たわみ軸継手、自在軸継手に分けられます。このほか、使用環境や製品に対して専用の軸継手があり、たわみ、ねじれを吸収しながら動力を高精度に伝達する軸継手もあります。

各種軸継手の機能と用途

固定軸継手は、軸や軸継手部がたわみやねじれ、正転逆転した場合にバックラッシュが起こってはいけない場所に用いられます。構造は簡単ですが、軸心調整が非常に重要です。

固定軸継手には筒形軸継手とフランジ軸継手があり、筒形軸継手は比較的小径の軸に用いられ、両端の軸端に筒状の継手をかぶせボルトで締結して使用します。フランジ軸継手はフランジを両端軸に取り付け、ボルトで締結し動力を伝達する構造になっています。フランジにボルトを通す穴は仕上げ精度を高くし、リーマボルトを使用することで確実に固定することができます。

たわみ軸継手には、フランジ形たわみ軸継手、チェーン軸継手、ゴム軸継手があります。フランジ形たわみ軸継手は、リーマボルトの回りにゴムなどの弾性体を組み合わせて、軸とフランジのたわみとねじれを吸収することができる構造となっていて、軸心のズレを許容できます。軸の振動や衝撃も吸収できます。軸心のズレの許容は0.05mm以下にする必要があります。

チェーン軸継手は、チェーン用のスプロケットの付いた軸継手本体を、2列のローラチェーンで結合し動力を伝達する仕組みになっています。軸心ズレや振動はチェーンとスプロケットの間、チェーンのローラとブッシュのすき間で吸収できます。しかし吸収量はあまり大きくとれないため、軸心の調整が必要です。また、チェーンを潤滑するグリスの定期的な交換や補充が必要です。

ゴム軸継手は、軸継手本体の結合をゴムの弾性体によって行う継手で、軸心が比較的大きくズレている場合でもズレを吸収して軸を伝達できます。しかし、経年劣化に対して注意が必要であり、有機溶剤や油などの付着により寿命が著しく短くなる場合があります。

自在軸継手は、ほかの軸継手では接続できない角度で交差している場合や、2軸の軸心が大きく違っているときに使用されます。また、接続する軸の長さを自在に調節できる機能を持たせることで、軸心が絶えず変化する伝達に使用されます。車両などでは、動力用エンジンと駆動用のディファレンシャルを接続するプロペラシャフトに使われています。

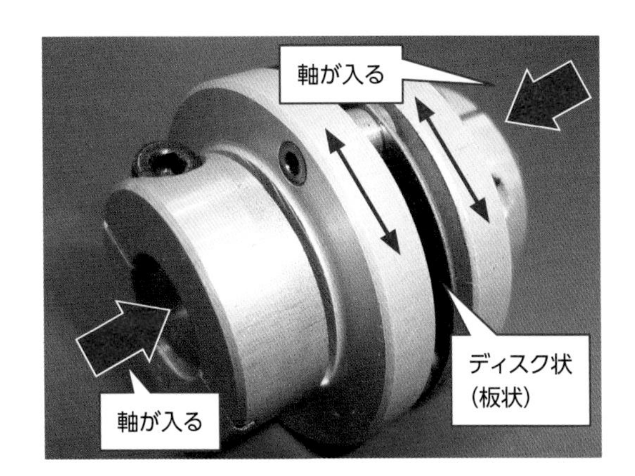

固定軸継手

カップリングとカップリングの間にディスク状の板があり、この板を通じて動力伝達する構造になっています。また、正転逆転した場合にも、ねじれやバックラッシュが少なく動力伝達が可能なものもあります。

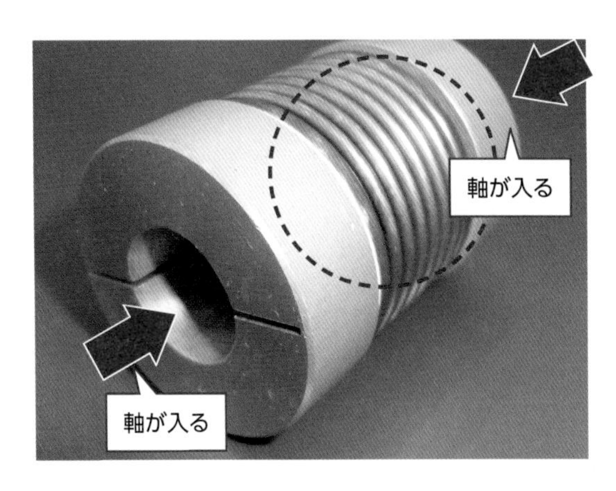

金属のベローズ軸継手

金属のベローズで軸心のズレを吸収し、軸の動力を伝達する軸継手です。高速回転、ねじりや曲げの剛性が高く高精度の伝達に向く特徴をもっています。ステッピングモータ、ロータリエンコーダなど、高精度に動力を伝達する部分に使用されます。

チェーン軸継手のメンテナンス

生産設備は、ウォーム減速機の動力を得ているため、動力伝達と回転精度が製品の品質に影響を与えます。軸継手の適切な保守メンテナンスを行うことで、突発的な故障が少なくなります。状態を把握しながら消耗部品の交換を行うことが必要です。

▶ 製品の品質が保障できる精度を持つ軸継手を選択

製品の品質を左右する部分には、品質への影響を考慮した軸継手を選択する必要があります。特に、ロータリエンコーダやステッピングモータなどの軸継手には、高精度な動力伝達が必要になります。高速回転、高負荷荷重でもタイミングのズレがなく、動力が伝達されることが必要です。軸継手は、ねじり剛性、軸方向の力、負荷の大きさや性質を考慮して、軸継手と軸、構成部品の損傷などを防止する必要があります。

10-6 KIKAI-HOZEN

軸継手の修繕・整備

軸継手の種類ごとに適したメンテナンスを行う

回転機械の軸に設置されている軸継手は、軸継手の種類によって保守メンテナンス方法が異なります。また、定期的にメンテナンスを必要とする軸継手もあるので、軸継手に合った保守が必要になります。軸継手が早期に損傷する場合、軸や回転機械を含めた総合的な確認が必要になります。軸継手全体に共通する修繕・整備としては、軸・軸継手の接合に使われているキー・キー溝の点検などがあります。

固定軸継手の筒形軸継手とフランジ軸継手が損傷する原因としては軸心の不良があげられます。軸心を基準内に調整した後、専用ボルトの交換や固定軸継手自体の精度確認が必要です。

フランジ形たわみ軸継手はフランジ軸継手と同様ですが、合わせてゴムの弾性体の状態や劣化を確認します。チェーン軸継手は、使用しているチェーンのチェーンピッチ1/3mmまでに調整する必要があります。チェーンカップリングは内部に潤滑用のグリスが封入されていますので、グリスの状態などの確認を行い、定期的に交換します。グリスの色が赤茶色の場合は、カップリング自体の軸心を確認する必要があります。このほか、チェーンの伸びやスプロケットの摩耗状態を確認します。

ゴム軸継手では、ゴムの弾性体にひび割れや弾力があるかを確認することが重要です。ゴムは経年劣化するため、定期交換が必要な部品です。ある程度の軸心不良はゴム弾性体で吸収できますが、ゴム弾性体の発熱につながるため、温度測定を行う必要があります。

自在軸継手の修繕・整備

自在軸継手の修繕・整備では、ヨークとTジョイントがスムーズに稼働していることを確認する必要があります。スムーズに稼働させるために、潤滑油や軸受を使用している種類もあります。そのため、潤滑油の給脂や軸受の交換などが定期的に必要です。自在軸継手の場合、潤滑状態が悪くなると軸の振動が起こる可能性があります。ヨークやTジョイントが金属疲労やクラックなどにより損傷する場合があるので、定期的な確認作業が必要です。

軸の伝達精度が重要な軸継手の整備

金属ベローズカップリングなどでは、軸の伝達する精度が重要であるため、接続されるロータリエンコーダやステッピングモータの測定誤差、回転する同期のズレなどを確認する必要があります。

グリスが無い状態

グリスの交換時期が決まっていなかったため、内部を確認するとグリスはすでに劣化してなくなっていた状態の写真です。この状態で継続して使用した場合、チェーンが破損し、設備の停止につながる可能性があります。

黒くなったグリス

グリスが黒くなっている原因は、長期間グリスの交換や補充を行っていないことがほとんどです。グリスが酸化した状態になっています。設備の操業時間に応じて、チェーン軸継手のグリスの交換や補充の時期を決めて計画的に行うことが重要です。

赤茶色になったグリス

グリスが赤茶色になっている原因は、チェーンとスプロケットが摩耗していることが多いです。チェーンとスプロケットが摩耗する原因の一つとして、軸心不良などのミスアライメントがある場合がほとんどです。最初にスプロケットの軸穴加工精度の確認を行い、次にスプロケットの軸心調整を行います。

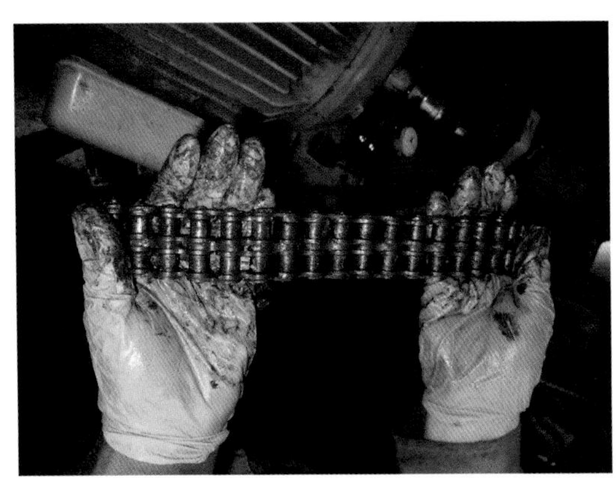

チェーンメンテナンスの様子

ある企業でチェーン軸継手の保守メンテナンスを行ったときの写真です。取り外したチェーンの状態を確認すると、グリスは少し赤茶色になっていました。そこで、ダイヤルゲージを用いてスプロケット単体の振れを確認しながら、軸継手の軸心調整を行いました。規定量のグリスを、チェーンとカバーに塗布して組み付けました。

軸継手の損傷事例

軸継手の損傷確認の方法

軸継手の損傷は、設備の運転時と停止時の両方で確認する必要があります。特に、停止時に異常が発見できなくても、あるいは運転時に異音がなかったとしても、軸継手の品質が低下している場合があります。注意深く設備を見守ることで異常を早期発見できます。

3年間連続運転していた軸継手の損傷事例

ある会社で、飲料水を送水するポンプから軸継手の損傷が見つかりました。軸継手を覆う安全カバーの裏側を小さな鏡を使って見たところ、安全カバーの内側に赤茶色のものが付着していました。フランジ形たわみ軸継手のリーマボルト数本が、摩耗腐食ですり減って緩んでいました。

そこで、リーマボルトの交換と軸心調整をしました。取り外したリーマボルトを確認すると、数本のボルトがまるで鏡のように光っていました。軸心の不良によってボルトが緩んだ状態で運転していたために、金属同士がこすれて摩耗腐食を発生していた様子がうかがえます。

タイミングベルトの損傷の整備

ある会社には、約10mのドライブシャフトを動力軸に使い、タイミングベルトで各工程の同期をとりながら製造している設備がありました。このタイミングベルトが相当傷んでいたために、交換手順を考えながら作業する手順を検討しました。

10mのドライブシャフトは4カ所がチェーンカップリングで接続されています。まずはつながったドライブシャフトを数本に分解してからタイミングベルトを入れていくことになりました。チェーンカップリングを分解してゆくと、2カ所のグリスは、汚れてはいたものの交換ですむような状態でした。しかし、もう2カ所のチェーンカップリングのグリスは赤茶色に変色をしていました。

赤茶色に変色していたスプロケットとチェーンを確認すると摩耗しており、チェーンは少し伸びた状態でした。スプロケット単体の精度を確認するためにマグネットスタンドとダイヤルゲージで測定したところ、軸の中心とスプロケットの外周とが0.2mm違っていることが判明しました。

不具合での運転での修繕

設備導入当時からスプロケットの中心が開いていない状態で設備を運転していたため、軸が回転するたびにチェーンとスプロケットで偏心やたわみを吸収できる範囲を超えて運転していました。チェーンとスプロケットを洗浄し、グリスなどの交換を行いますが、恒久的な処置は不可能なため、定期的にグリス交換と確認が必要です。チェーンカップリングの交換時には、スプロケットの加工精度を確認して摩耗具合などを確認します。

リーマボルトの緩み

たわみフランジ軸継手のリーマボルトが緩み、それが振動やこすれなどで摩耗腐食（赤茶色の腐食物）を起こしていました。赤丸の部分で、ボルトとフランジの穴との間にすき間がありました。フランジ軸継手は回転している状態でしたが、リーマボルトに不良個所があり、軸心の調整を再度行いました。

チェーンカップリングの軸心確認

チェーンカップリングのグリスが赤茶色に変色していた場合には、2つのことを確認します。スプロケットの軸心と、スプロケットの精度の確認です。特に後者は、組み付け前に必ず行います。ある事例では、グリスが赤茶色に変色していたスプロケット単体の精度をダイヤルゲージで確認すると、中心が0.2mm偏心していました。

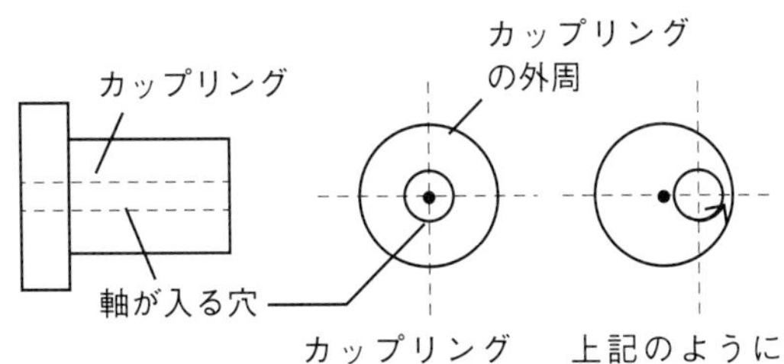

チェーンカップリングの軸心確認

カップリングの外周と、軸が入る穴の中心が同一であることが重要です。左側の図は、中心がそろっている正しい状態ですが、右側の図は中心がそろっていません。このようなズレがあると、カップリングが偏心します。

チェーン軸継手のメンテナンス

油圧ポンプのチェーン軸継手のメンテナンスの様子です。チェーンがかなり傷んでおり、またスプロケットを固定するキーもかなり摩耗しています。スプロケットの軸穴加工精度が約0.9mm中心からずれていたため、チェーンや軸、キーなどに繰り返しの荷重が加わって摩耗を起こしていました。スプロケットを基準の穴加工精度になったものと交換して対応します。

索引

KIKAI-HOZEN

数 英

あ

か

さ

ま

や

ら

著者略歴

竹野 俊夫（たけの としお）

1965年　大阪府生まれ
1990年　労働省管轄　職業訓練大学校卒業
1991年　雇用促進事業団（神奈川技能開発センター勤務）
1999年　国際協力事業団へ出向（インドネシア、ウガンダへ派遣）
2003年　雇用・能力開発機構（千葉センター勤務）
2008年　㈱雇用・能力開発機構（現㈱高齢・障害・求職者雇用支援機構）・高度職業能力開発促進センター勤務
現　在　素材・生産システム系能開教授、素形材関係団体の講師
防衛省陸上自衛隊（技能：整備）予備自衛官　階級1等陸曹
東京都現場訓練支援事業の指導者

企業の工場設備の保守メンテナンス方法や機械保全方法を現場で指導。改善提案や設備の延命につながる職業訓練を展開。国際協力事業団（JICA専門家）でアフリカ（ウガンダ）、インドネシアにおいて小型船舶エンジン・自動車整備を指導。また、現地飲料水工場、砂糖工場、ビール工場などで生産設備の保守・保全方法を現地スタッフに指導。防衛省陸上自衛隊では、日本国内が大規模災害や有事の際、装備品や車両などの整備を行う。
東京都現場訓練支援事業の指導者として、東京都内の中小企業への技術支援や現地改善指導などを行っている。

著書
『目で見てわかる 稼げる機械保全』日刊工業新聞社、2011年
『目で見てわかる 稼げる電気保全』日刊工業新聞社、2012年
『目で見てわかる 稼げる設備保全』日刊工業新聞社、2012年
『目で見てわかる 機械保全実践100例』日刊工業新聞社、2013年
『目で見てわかる「機械保全チェックシート」のつくり方・使い方』日刊工業新聞社、2014年
『目で見てわかる 稼げる機械保全「作業手順書」のつくり方・使い方』日刊工業新聞社、2015年
『目で見てわかる 機械保全実践100例 PART2』日刊工業新聞社、2016年
『現場で使える!「なぜなぜ分析」で機械保全』日刊工業新聞社、2017年

NDC 509

カラーで見るからわかりやすい 稼げる機械保全

2023年 11月30日　初版1刷発行

©著　者　竹野俊夫
発行者　井水治博
発行所　日刊工業新聞社　〒103-8548 東京都中央区日本橋小網町14-1
書籍編集部　電話 03-5644-7490
販売・管理部　電話 03-5644-7403　FAX 03-5644-7400
URL　https://pub.nikkan.co.jp/
e-mail　info_shuppan@nikkan.tech
振替口座　00190-2-186076

印刷・製本　新日本印刷㈱

◉ 定価はカバーに表示してあります

2023 Printed in Japan
ISBN 978-4-526-08303-7